LE MORCELLEMENT

DES VALEURS MOBILIÈRES

LES SALAIRES : LA PART DU CAPITAL ET DU TRAVAIL

PAR

M. Alfred NEYMARCK

LAURÉAT DE L'INSTITUT,
ANCIEN PRÉSIDENT DE LA SOCIÉTÉ DE STATISTIQUE DE PARIS,
MEMBRE DU CONSEIL SUPÉRIEUR DE STATISTIQUE.

———

Mémoire lu à l'Académie des Sciences morales et politiques
(Séance du 23 mai 1896).

Communication faite à la Société de statistique de Paris
le 17 juin 1896.

———

PARIS

ALPHONSE PICARD & FILS	LIBRAIRIE GUILLAUMIN & Cⁱᵉ
ÉDITEURS	ÉDITEURS
82, rue Bonaparte.	14, rue Richelieu.

LE MORCELLEMENT

DES VALEURS MOBILIÈRES

LES SALAIRES : LA PART DU CAPITAL ET DU TRAVAIL

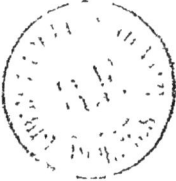

PAR

M. Alfred NEYMARCK

LAURÉAT DE L'INSTITUT,
ANCIEN PRÉSIDENT DE LA SOCIÉTÉ DE STATISTIQUE DE PARIS,
MEMBRE DU CONSEIL SUPÉRIEUR DE STATISTIQUE.

Mémoire lu à l'Académie des Sciences morales et politiques
(Séance du 23 mai 1896)

Communication faite à la Société de statistique de Paris
le 17 juin 1896.

PARIS

ALPHONSE PICARD & FILS | LIBRAIRIE GUILLAUMIN & Cie
ÉDITEURS | ÉDITEURS
82, rue Bonaparte. | 14, rue Richelieu.

LE MORCELLEMENT

DES VALEURS MOBILIÈRES

LES SALAIRES : LA PART DU CAPITAL ET DU TRAVAIL.

SOMMAIRE

I. — Objet et division de cette étude.

II. — La statistique des rentes françaises inscrites, de la dette en rentes et de la dette publique.

III. — Le nombre des porteurs de rentes en 1824.

IV. — Le nombre des porteurs de rentes en 1830.

V. — Le nombre de rentiers et souscripteurs de rentes de 1852 à 1896.

VI. — Résumé de la statistique des rentes françaises.

VII. — La répartition des actions de la Banque de France depuis 1870. — Nombre des actionnaires.

VIII. — La répartition des actions et le nombre d'actionnaires du Crédit foncier de France.

IX. — Les actions au porteur et nominatives des six grandes compagnies de chemins de fer.

X. — La proportion des actions nominatives sur l'ensemble des titres.

XI. — Le nombre des certificats nominatifs.

XII. — Ce que valent et ce que rapportent ces actions.

XIII. — Les obligations au porteur et nominatives des compagnies de chemins de fer.

XIV. — Nombre de certificats nominatifs. Moyenne des titres.

XV. — Résumé de la statistique des chemins de fer.

XVI. — Le mouvement des caisses d'épargne.

XVII. — Les dépôts comparés dans les banques et les caisses d'épargne.

XVIII. — Les valeurs successorales de 1826 à 1894.

XIX. — Le capital et le salaire. — La baisse du taux de l'intérêt.

XX. — La hausse des salaires depuis soixante ans.

XXI. — Les gages des domestiques.

XXII. — La part des salaires des travailleurs dans le revenu total de la France.

XXIII. — Les salaires des ouvriers du bâtiment à Paris.

XXIV. — Les salaires de la grande industrie à Paris et dans les départements.

XXV. — Les salaires des ouvriers des mines.

XXVI. — Résumé général du taux des salaires.

XXVII. — Les dividendes des actionnaires des compagnies minières et les salaires des ouvriers.

XXVIII. — Résumé général et conclusion.

I

OBJET ET DIVISION DE CETTE ÉTUDE.

Dans plusieurs études, nous avons essayé de suivre le mouvement de la fortune mobilière de notre pays, en cherchant à établir le montant total des titres mobiliers (rentes, actions et obligations) qui pouvaient se trouver en circulation, et à en montrer la diffusion et la répartition dans les portefeuilles (1).

(1) *Les valeurs mobilières en France*, communication faite à la Société de statistique de Paris, in-8°, 1888, Guillaumin, édit.

La répartition et la diffusion de l'épargne française sur les valeurs françaises et étrangères, communication faite à l'Institut international de statistique, session de Vienne, du 18 septembre au 3 octobre 1891, in-8°.

Une nouvelle évaluation du capital et du revenu des valeurs mobilières en France, communication faite à l'Académie des sciences morales et politiques, séances des 1er, 22, 29 avril 1893, et à la Société de statistique de Paris. Grand in-4°.

Ces statistiques arides ont leur utilité au triple point de vue économique, politique et social. Elles permettent de suivre les progrès ou la diminution de l'épargne, la productivité ou l'improductivité de ses placements ; elles permettent de répondre par des faits et par des chiffres précis aux attaques dont le capital est l'objet ; elles font voir en quelles mains se trouvent ces milliards si enviés dont les titres mobiliers sont la représentation ; elles indiquent enfin s'il existe, comme on le répète sans cesse, une ploutocratie financière ; si, au contraire, ce n'est pas une démocratie laborieuse qui est la plus riche et la plus nombreuse.

Ces statistiques, pour avoir plus de force et d'autorité, ont besoin d'être renouvelées, contrôlées, mises presque constamment à jour. Elles acquièrent ainsi une plus grande certitude, car elles peuvent s'appuyer sur des évaluations dont l'expérience et le temps ont confirmé l'exactitude et ne sont pas basées uniquement sur les chiffres, essentiellement variables, d'une seule année.

Nous avons donc voulu rechercher, comme suite à notre étude sur l'*Évaluation du capital et du revenu des valeurs mobilières*, quels étaient le morcellement, la répartition, la diffusion de cette fortune mobilière, à l'époque la plus récente qu'il nous a été possible de l'établir. Ce travail effectué, nous en avons comparé les résultats à ceux que nous ont fournis des documents officiels, d'une source sûre, remontant à des époques éloignées, et nous avons rapproché les résultats ainsi obtenus des évaluations que nous avions faites antérieurement.

Nous nous sommes demandé, ensuite, pour répondre à des affirmations répétées à chaque instant, si l'accroissement et le morcellement de la fortune mobilière représentée par des titres de rentes, actions et obligations, avaient nui, non pas à l'ensemble du pays, car la thèse serait insoutenable, mais aux travailleurs eux-mêmes, aux ouvriers. En admettant qu'un grand nombre de nos concitoyens, que le plus grand nombre même, soit devenu capitaliste et rentier, est-il vrai de dire que la classe ouvrière soit restée misérable et n'ait pas, dans une certaine mesure, profité de l'amélioration survenue dans la classe capitaliste. Sur ce point, nous avons pensé qu'il était utile de rechercher, dans les statistiques établies sur le taux des salaires depuis trois quarts de siècle, quelle avait été l'influence du capital sur la rémunération du travail.

Nous examinerons donc successivement et à diverses dates :

1° La répartition, le morcellement des rentes françaises dans les portefeuilles français, le nombre des porteurs de rentes depuis 1826 jusqu'en 1896 ;

2° Le mouvement des actions de la Banque de France depuis 1870 et le nombre des actionnaires ; celui des actions et obligations du Crédit foncier depuis l'augmentation du capital social, en 1888 ;

3° La répartition des titres des actions et obligations de chemins de fer depuis 1860, c'est-à-dire depuis la constitution des grands réseaux ;

4° Le mouvement des caisses d'épargne depuis 1835 ; le nombre et la quotité moyenne des livrets, les dépôts comparés dans les grandes banques et dans les caisses d'épargne ;

5° Nous indiquerons, par quelques statistiques, relevées dans les rapports officiels de plusieurs grands établissements de crédit, le mouvement de plusieurs éléments qui composent la fortune mobilière ;

6° Nous montrerons, par l'étude des *Valeurs successorales* de 1826 à 1894, si les chiffres que nous donnons sur le mouvement de la fortune mobilière se trouvent confirmés ou non ;

7° Nous comparerons les nouvelles évaluations que nous avons obtenues à celles que nous avons précédemment établies en 1884, 1889, 1893 ;

8° Nous montrerons, enfin, par la statistique des salaires, la progression ou la diminution des profits de la classe ouvrière.

Il est nécessaire, au début de ce travail, de rappeler un gros chiffre.

Les rentes françaises, les actions et obligations de chemins de fer français, les actions de la Banque de France et du Crédit foncier, les obligations de cet établissement et celles de la Ville de Paris, sans parler des 4 milliards déposés dans les caisses d'épargne, représentent à eux seuls, d'après les cours cotés sur ces diverses valeurs, 52 à 53 milliards sur 80 milliards dont se compose la fortune mobilière de la France.

Il y a 26 à 27 milliards de rentes, suivant que l'on calcule d'après le taux nominal ou le cours coté, 20 milliards d'actions et d'obligations de chemins de fer ; 5 milliards d'actions de la Banque, du Crédit foncier, d'obligations foncières et communales de la Ville de Paris. Sur les 80 milliards de valeurs mobilières que possède la France, — dont 60 milliards de valeurs françaises et 20 milliards en valeurs et fonds étrangers (1), — en chiffres ronds, 52 milliards représentent des titres d'épargne. En quelles mains se trouvent ces milliards et ces titres ? Comment sont-ils répartis ? Quel est le morcellement de cette immense fortune ? Ce sont là les premières questions que nous avons cherché à résoudre.

II

LA STATISTIQUE DES RENTES FRANÇAISES INSCRITES, DE LA DETTE EN
RENTES ET DE LA DETTE PUBLIQUE

La statistique des inscriptions de rentes françaises sur l'État est particulièrement intéressante à étudier.

_____

(1) Voir : *Une nouvelle évaluation du capital et du revenu des valeurs mobilières en France.*

Depuis le commencement du siècle, et surtout depuis les événements de 1870, les progrès de la dette en rente perpétuelle ou amortissable ont pris un développement considérable.

Pour s'en rendre compte, nous indiquerons tout d'abord, dans le tableau ci-dessous, le montant des rentes inscrites, le capital nominal qu'elles représentent, en faisant la part de chacun des régimes politiques qui se sont succédé chez nous (1).

Dates.	Rentes inscrites. millions.	Capital nominal. millions.
Septembre 1800	35.7	713.6
1er janvier 1815.	63.6	1.272.1
1er août 1830	199.4	4.426.3
24 février 1848	244.3	5.912.9
1er janvier 1852.	239.3	5.516.2
1er janvier 1871.	386.2	12.454.3
3 1/2	237.6	
1er janvier 1896 3 0/0	456.4	26(2)
3 0/0 amortissable. . .	118.8	

Ainsi la dette en rentes aurait été augmentée :

Sous Napoléon Ier, de . . . . Fr. 198.500.000

Sous la Restauration, de 3.154.200.000

Sous Louis-Philippe, de 1.486.600.000

Sous Napoléon III, de. 6.938.100.000

Sous la République de 1871 à 1896, environ de. 14.500.000.000

Sans compter la dette flottante, les dettes remboursables à terme ou par annuités, la dette viagère, les dettes locales,

(1) Voir le *Compte général de l'administration des finances*, année 1894, p. 868 et 869.

(2) Au cours de 103 fr , les 456 millions de 3 p. 100 représentent un capital de 15 milliards 656 millions ;

Au cours de 101 fr., les 118 millions de 3 p. 100 amortissable représentent un capital de 3 milliards 972 millions ;

Au cours de 106 fr., les 236 millions de 3 1/2 p. 100 représentent un capital de 7 milliards 147 millions.

départementales et communales, la dette consolidée 3 1/2 et
3 p. 100, la rente 3 p. 100 amortissable s'élèvent, d'après le
budget de 1896, à 812 millions de rentes qui représentent
plus de 26 milliards au taux nominal, et près de 27 milliards
au cours de la Bourse. On peut affirmer que, tous comptes
faits, le passif total de la France ne doit pas s'éloigner de 35
à 36 milliards (1).

35 à 36 milliards de dette totale, 812 millions de rentes con-
solidées ou amortissables, 26 milliards de capital nominal,
telle est, en bloc, cette propriété dont les titres appartiennent
aujourd'hui à des millions de personnes. Nous allons en
suivre le morcellement depuis près de trois quarts de
siècle.

III

LE NOMBRE DES PORTEURS DE RENTES EN 1824.

Lors de la discussion, en 1824, du projet de conversion de
la rente 5 p. 100, projet que la Chambre des pairs rejeta par
128 voix contre 94, des renseignements intéressants furent
donnés sur la répartition des rentes et le nombre des rentiers
détenteurs des fonds publics.

Pour former les 140 millions de la dette qui n'était pas

---

(1) Voir *Le capital de la dette publique en France*, par M. A. Stourm
(*Économiste français*, 2ᵉ semestre, 11 août 1888).

Voir l'étude de M. de Foville sur le travail de M. A. Neymarck, *Les
valeurs mobilières en France* (*Économiste français*, 14 juillet, 4, 11 août
1888).

Voir *Les valeurs mobilières en France* (in-8°, 1888), par M. Alfred
Neymarck.

*Une nouvelle évaluation du capital et du revenu des valeurs mobilières
en France*, par le même.

immobilière, il y avait 144.100 rentiers dont l'avoir, en rentes, se décomposait comme suit (1) :

10,000 rentiers possédant de	10 à	50 fr. de rente pour	300.000 fr.
36,000 —	—	50 à	99	—	2.750.000
76,000 —	—	100 à	999	—	30.600.000
15,500 —	—	1.000 à 4.999	—	41.500.000
5,000 —	—	5.000 à 9.999	—	27.290.000
1,600 —	—	10.000 et plus	—	30.500.000

144,100 rentiers.

Sur les 76,000 rentiers possédant de 100 à 999 fr. de rentes,

30,000	possédaient de	100 à 300 fr. de rentes.
20,000	—	301 à 600	—
26,000	—	601 à 999	—

IV

LE NOMBRE DES PORTEURS DE RENTES EN 1830.

M. le marquis d'Audiffret, à son tour, a publié dans son *Système financier de la France* (2) un état indiquant le classement, par catégories, des propriétaires de rentes 5 et 3 p. 100 subsistantes au 1er janvier 1830.

Le nombre des propriétaires de rentes 5 p. 100 était, à cette date, de 108,493 pour un chiffre de rentes de 126,786,971 fr., ce qui donnait une proportion de 115 fr. de rentes par rentier ; le nombre de propriétaires de rentes 3 p. 100 était de 16,539 pour un chiffre de rentes de 39,377,047 fr., ce qui représentait une moyenne de 220 fr. de rentes 3 p. 100 environ par rentier.

On comptait donc, en 1830, 125,032 rentiers tout au plus,

(1) Voir *Fortune publique et finances de la France*, par M. Paul Boiteau, t. II, p. 178, édition Guillaumin, 1896.

(2) *Système financier de la France*, t. I, p. 345.

car on peut-supposer qu'il y avait des doubles emplois, notamment entre les propriétaires de rentes 5 p. 100 et ceux de rentes 3 p. 100.

On a fait le relevé, pour les rentes 5 p. 100, du nombre des grandes, des petites et des moyennes inscriptions. Sur 108,493 détenteurs de rentes 5 p. 100, 8,000 possédaient moins de 50 fr. de rentes. Les petits rentiers étaient alors la grande minorité ; ils représentaient à peine la quatorzième partie du nombre des rentiers.

Du reste, la forme même des coupures de rentes pouvait, à cette époque, empêcher la petite épargne de faire des placements sur nos rentes. On sait que les titres de rentes furent nominatifs jusqu'à l'ordonnance royale du 29 mai 1831, le minimum des coupures était de 50 fr.; l'ordonnance du 16 septembre 1834 abaissa cette limite à 10 fr. de rente ; le décret du 29 janvier 1864 à 5 fr., et la loi du 27 juillet 1870 à 3 fr. de rente (1). Il fut décidé plus tard que les coupures de rentes seraient acceptées en payement des impôts. Ces réformes, que nous avions demandées, contribuèrent efficacement à la diffusion des titres dans les plus petits portefeuilles (2).

V

LE NOMBRE DE RENTIERS ET INSCRIPTIONS DE RENTES ·
DE 1852 A 1896.

Si nous suivons, en effet, à partir de 1852, d'une part, le développement des souscriptions publiques à nos emprunts

(1) Voir *Manuel des fonds publics,* de Courtois.

(2) *La rente française, son origine, ses développements, ses avantages,* par M. Alfred Neymarck, in-8°, 1873, Guillaumin.

nationaux, le nombre des souscripteurs (1), la quantité de rentes souscrites et le chiffre attribué ; d'autre part, le nombre des incriptions de rentes, on se rendra compte du morcellement de ces milliards que représente la dette publique constituée en rentes. Ce serait, sans doute, une grosse

(1) Emprunts en 3 p. 100 contractés sous l'Empire :

Années.	Importance de l'emprunt. Millions.	Nombre des souscripteurs.
1854. . . .	249.2	60.142
1854. . . .	509.4	170.820
1855. . . .	779.3	223.262
1859. . . .	519 1	530.893
1863.	314.9	401.850
1868. . . .	450.4	672.093
1870. . . .	804.5	41.022

En 1871, le nombre des souscripteurs au premier emprunt en 5 p. 100 de 2 milliards fut de 331,906 ; en 1872, le nombre des souscripteurs à l'emprunt de 3 milliards fut de 934,276. (Voir le *Rapport de M. P. Delombre sur le budget du ministre des Finances*, pp. 10 et 11, session de 1894, impr. n° 903.) Le produit de l'emprunt de 1871 fut de 2,293 millions 92,367 fr. 50 ; le produit de l'emprunt de 1872 fut de 3,498 millions 744,639 fr. (Voir le *Compte général de l'administration des finances*, pp. 828 et 829.)

En 1886, lors de l'emprunt de 500 millions, le nombre de souscripteurs fut de 248,047. En 1891, lors de l'emprunt du 10 janvier de 869 millions, le nombre de souscripteurs s'éleva à 260,060. Sur ce chiffre de souscripteurs, on comptait :

165.160 souscripteurs	de 3 fr. de rente.
70.554 —	10 à 100 fr. de rente.
15.297 —	110 à 500 —
3.744 —	510 à 1.000 —
4.649 —	1.010 à 10.000 —
576 —	10.100 à 100.000 —
110 —	au-dessus de 100.000 —

Voir : *Bulletin de statistique et de législature comparée,* année 1891, livraison de mars, pp. 282 à 285 (Rapport de M. Rouvier, ministre des finances, sur l'emprunt de 1891.)

erreur de dire et une plus grosse exagération de croire qu'il
y a autant de rentiers que d'inscriptions. Plusieurs titres
peuvent appartenir au même propriétaire; plusieurs personnes peuvent posséder à la fois des inscriptions nominatives de 3 1/2 et de 3 p. 100, des rentes amortissables au porteur, et *vice versa;* d'autres rentiers peuvent avoir plusieurs
titres nominatifs de la même catégorie de rentes achetées à
diverses époques. Mais en tenant compte, aussi approximati-
vement que possible, de ces doubles emplois, le nombre des
rentiers qui avait été fixé à 144,000, en 1824, par le ministre
des finances (1); à 125,000, en 1830, par M. le marquis d'Audiffret (2); à 550,000, en 1869, par M. P. Leroy-Beaulieu (3),
pourrait être évalué au minimum de 2 millions puisque,
depuis 1824 et 1830, la dette a décuplé et a presque triplé
depuis 1869.

Quant aux quantités d'inscriptions de rentes, les comptes
généraux de l'administration des finances, les documents
officiels des ministères, nous permettent d'en indiquer aussi
exactement que possible, depuis quatre-vingts ans, les
chiffres totaux (4).

Rentes inscrites.	Nombre d'inscriptions.	Chiffre des rentes.	Moyenne par inscription (5).
1er Avril 1814 . . .	137.950	63.307.637	459 fr.
1er Août 1830 . . .	195.570	204.696.459	1.041

(1) *Documents fournis pendant la discussion du projet de loi de
conversion.*

(2) *Système financier de la France,* t. I, p. 345.

(3) *Traité de la science des finances,* première édition, 1877, t. II
pp. 136 et 137, en note.

(4) Consulter : *Compte de l'administration des finances de 1894,* pp. 868
à 869 ; — *Bulletin de statistique du ministère des Finances,* janvier 1877,
p. 26 ; — *Guide financier* de Vitu, p. 99 ; — *Fortune publique et financière de la France,* par M. P. Boiteau, t. I, pp. 389 et 390 ; — Rapport
de M. Boulanger au Sénat (ministère des Finances), no 44, 1896.

(5) Nous pensons utile de faire cette évaluation en nous appuyant sur
l'ensemble des statistiques que nous avons relevées. Voir également

Rentes inscrites.	Nombre d'inscriptions.	Chiffre des rentes.	Moyenne par inscription.
24 Février 1848. . .	747.744	244.287.206	326
1er Janvier 1852 . .	810.901	239.304.527	295
1er Janvier 1862. . .	1.108.676	356.044.376	321
1er Janvier 1865. . .	1.165.531	403.962.035 (1)	346
1er Janvier 1871 . .	1.269.739	386.222.343	304
1er Janvier 1888. . .	4.217.223	730.939.119	173
1er Janvier 1895 . .	5.096.811	812.604.039 (2)	159

Ainsi, de 1814 à 1896, le chiffre des rentes a augmenté de 63,307,637 fr. à 812,604,069 fr., soit un accroissement de 750 millions, en chiffres ronds ; le nombre des inscriptions de rentes s'est élevé de 137,950 à 5,096,811 ; la moyenne des rentes représentées par ces inscriptions s'abaisse de 459 à 159 fr. ; le nombre des rentiers, du chiffre de 125,000 passe à celui de 2 millions.

La dette constituée en rentes est douze fois plus forte qu'en 1814 : le nombre des incriptions de rentes est trente-six fois plus élevé ; la moyenne des rentes représentées par chaque inscription est près de trois fois plus faible ; le nombre des rentiers est plus de quinze fois plus élevé.

Il est donc incontestable, rien que par ce seul rapprochement de chiffres, que l'accroissement du nombre des rentiers, s'il n'a pas suivi la même progression que celle des inscriptions, a dû s'accroître dans de fortes proportions.

Sans même établir de rapprochement avec les chiffres que nous fournissent les années 1814, 1830, 1848, 1852 à 1865,

notre travail : *Une nouvelle évaluation du capital et du revenu des valeurs mobilières en France*, in-8°, 1893. Communication faite à l'Institut, p. 42.

(1) *Rentes mobilisées*, d'après M. P. Boiteau. *Fortune publique et financière de la France*, t. I, pp. 389 et 390.

(2) Au 1er janvier 1896 : rentes 3 1/2, 3 p. 100, 3 p. 100 amortissable. Voir le rapport de M. Boulanger au Sénat, sur le ministère des Finances, n° 44, pp. 131 à 135.

on peut admettre que si, en 1870, en nous en tenant à l'évaluation donnée par M. Paul Leroy-Beaulieu, nous avions 550,000 à 600,000 rentiers détenteurs de 1,254,040 inscriptions de rentes françaises, ce nombre de rentiers a au moins quadruplé, puisque, d'une part, le montant nominal des rentes s'est accru de 15 milliards, et que le nombre des inscriptions qui s'est élevé à 5,096,811 a quadruplé. En estimant à 2 millions le nombre des personnes détenteurs de titres de rentes, nous sommes, croyons-nous, bien près de la vérité. Cette évaluation se trouve corroborée encore par la division même des titres de rentes en coupures, nominatives, mixtes ou au porteur.

	3 1/2 p 100	3 p. 100	3 p. 100 amort.
Nombre de parties. .	1.800.420	2.242.646	453 745
Inscriptions nominat.	322.926	813.749	38.692
Montant des rentes .	128 190.843	346.815.750	96.067.835
Inscriptions au porteur	1.368.787	1.333.022	415.053
Montant des rentes. .	100.440.330	98.537.901	23.774.310
Inscriptions mixtes. .	108.707	95.875 (y compris l'amort.)	
Montant des rentes. .	9.008 039	11 113.560	

Nous avons dressé ce tableau d'après le compte de la Dette Consolidée publié dans le *Compte général de l'administration des finances* de 1894, et le rapport et les chiffres que M. le sénateur Boulanger, premier président de la Cour des comptes, a publiés dans son rapport à la Commission des finances du Sénat sur le budget du ministère des finances de 1896 (1).

Plusieurs constatations ressortent de ces chiffres.

(1) N° 44, Sénat, session extraordinaire, 1895, pp. 132 à 135.
Voir également le *Compte général de l'administration des finances de 1894*, pp. 846 à 847.   . . . .

VI

RÉSUMÉ DE LA STATISTIQUE DES RENTES FRANÇAISES (1).

1° Sur 456 millions de rentes 3 p. 100, il existe 346 millions de titres nominatifs, soit 75,80 p. 100, représentés par 813,719 inscriptions. Cela veut dire que, sur 100 fr. de rentes 3 p. 100 françaises, près de 76 fr. sont au nominatif, ce qui prouve le classement parfait et la répartition divisée de ce fonds d'État. Les 110 millions de rentes 3 p. 100 mixte et au porteur sont

(1) La statistique suivante, que nous avons faite d'après les documents officiels, donne de plus grands détails sur les chiffres de ce tableau :

CLASSEMENT DES RENTES FRANÇAISES PAR COUPURES.

I

RENTE 3 P. 100 MIXTE.

Les 11 millions de rentes 3 p. 100 mixte, titres dont le contexte est nominatif et dont les coupures sont au porteur, sont divisés en 95,875 coupures.

Il y a : 3 à 10 fr. de rentes . . . . . 24.062 coupures.
20 à 50 fr. — . . . . . 47.777 —
100 fr. — . . . . . 9.078 —
200 fr. — . . . . . 5.904 —
300 fr. — . . . . . 3.670 —
500 fr. — . . . . . 2.057 —
1.000 fr. — . . . . . 2.043 —
1.500 fr. — . . . . . 506 —
3.000 fr. — . . . . . 778 —

Total . . . . . 95.875 coupures.

Ainsi, sur 95,875 coupures de rentes mixtes, 71,839 sont de 3 fr. à 50 fr., c'est-à-dire représentent un capital nominal de 100 à 1,666 fr. !

divisés en 1,410,000 coupures dont plus de 1,100,000 varient de 3 à 50 fr., soit un capital de 100 à 166 fr.

2° Sur 237 millions de rentes 3 1/2 p. 100, 129 millions de rentes, représentées par 322,926 certificats, sont au nominatif, soit 54,40 p. 100. Les 108 millions de rentes 3 1/2 mixte et au porteur sont représentées par 1,200,000 inscriptions sur lesquelles on compte plus de 1 million de coupures de 2 à 50 fr. de rentes!

Les grosses coupures de 1,000 fr., 1,500 fr., 3,000 fr., représentant un capital de 33,000 fr., 50,000 fr., 100,000 fr., sont au nombre de 3,327 !

RENTES 3 P. 100 AU PORTEUR.

Les 98,527,855 fr. de rentes 3 p. 100 au porteur sont divisés en 1,314,518 coupures :

De 3 fr. à 10 fr. de rentes, il y a			518.207 coupures.
20 fr. à 50 fr.	—	—	523.972 —
100 fr.	—	—	130.073 —
200 fr.	—	—	62.209 —
300 fr.	—	—	38.950 —
500 fr.	—	—	20.487 —
1.000 fr.	—	—	12.462 —
1.500 fr.	—	—	3.897 —
3.000 fr.	—	—	4.261 —
Total.			1.314.518 coupures.

Sur 1,314,518 coupures de rentes au porteur, 1,042,179 sont de 3 fr. à 50 fr., soit un capital de 100 fr. à 1,666 fr. De 100 fr. à 1,000 fr. de rentes, il y a 264,181 coupures ; quant aux grosses coupures de 1,500 fr. et de 3,000 fr. de rentes, elles sont au nombre de 8,158, alors qu'il existe 77,477 coupures de 3 fr., 114,445 coupures de 5 fr., 179,005 coupures de 20 fr., 203,913 coupures de 30 fr. !

II

RENTES 3 1/2 P. 100 MIXTES.

Il y a 9,008,039 fr. de rentes 3 1/2 p. 100 mixtes, divisées en

2

3° Sur 118 millions de rentes 3 p. 100 amortissables, on compte 96 millions de rentes nominatives, soit 89 p. 100 : les

108,707 coupures, comme suit :

De 2 à 10 fr. de rentes	42.842	coupures.
20 à 50 fr. —	45.455	—
100 fr. —	6.917	—
200 fr. —	4.919	—
300 fr. —	2.847	—
500 fr. —	1.698	—
1.000 fr. —	1.206	—
1.500 fr. —	278	—
3.000 fr. —	746	—
Total.	106.908	coupures.

Inscriptions mixtes 3 1/2 représentées par des titres 4 1/2 p. 100 1883 non encore présentées à la conversion (1er janvier 1895). .   1.799 —

Total égal. . . . . 108.707 coupures.

De même que pour les rentes 3 p. 100, ce sont les petites coupures de rentes qui sont en grande majorité. Il y a 88,297 coupures de 2 fr. à 50 fr. de rentes, soit 82 p. 100 du montant total des titres, alors qu'il existe seulement 278 coupures de 1,500 fr. de rentes et 746 coupures de 3,000 fr.

RENTES 3 1/2 P. 100 AU PORTEUR.

Les 99,935,827 fr. de rentes 3 1/2 p. 100 au porteur se subdivisent en 1,196,774 coupures, plus 13,430 inscriptions 4 1/2 non encore présentées à la conversion et 158,583 promesses de rentes.

La subdivision des 1,196,774 coupures s'établit comme suit :

De 2 fr. à 10 fr. de rentes 3 1/2 au porteur, il y a 480.239 coupures.

20 fr. à 50 fr.	—	—	470.536 —
100 fr.	—	—	92 192 —
200 fr.	—	—	65.005 —
300 fr.	—	—	42.423 —
500 fr.	—	—	23.813 —
1.000 fr.	—	—	13.676 —
1.500 fr.	—	—	3.632 —
3.000 fr.	—	—	5.258 —
	Total.		1.196.774 coupures.

inscriptions au porteur, extrêmement divisées, s'élèvent à 23,774,310 fr. de rentes. D'après le *Compte général de l'administration des finances* de 1894, 376,765 inscriptions s'appliquent à des coupures ne dépassant pas 60 fr., soit un capital de 2,000 fr. (1).

4° Le nombre total des inscriptions de rentes étant de 5,096,811, la moyenne, par inscription, est de 159 fr., soit environ un capital de 5,300 fr. Si on répartit le total des rentes existantes, 812 millions, entre les 2 millions de rentiers,

Sur 1,196,774 coupures, 950,775 sont de 2 fr. à 50 fr. ! De 100 fr. à 1,000 fr. de rentes, on compte 237,109 coupures dont 92,192 de 100 fr. !

Les grosses coupures de 1,500 fr. et de 3,000 fr. de rentes sont au nombre de 8,890 alors qu'il existe 44,182 coupures de 2 fr., 86,356 coupures de 5 fr., 160,261 coupures de 20 fr., 176,047 coupures de 30 fr.

III

RENTES 3 P. 100 AMORTISSABLE.

D'après le *Compte général de l'administration des finances de 1894*, les 118,842,165 fr. de rentes 3 p. 100 amortissable se subdivisent en 38,692 inscriptions nominatives et 415,053 inscriptions au porteur.

Ces inscriptions au porteur sont réparties comme suit :

15 fr. de rentes,	196.896 coupures.	
30 fr.	—	102.919 —
60 fr.	—	76.950 —
150 fr.	—	23.351 —
300 fr.	—	9.239 —. . .
600 fr.	—	3.511 . —. , . .
1 500 fr.	—	1.038 —
3.000 fr.	—	1.059 —

(1) Rapport au Sénat sur le *budget du ministère des finances*, n° 44, session ext. 1895, p. 135.

Nous publions en note la répartition des rentes 3 p. 100, 3 1/2 p. 100, 3 p. 100 amortissables par coupures. Nos chiffres sont extraits des documents officiels publiés par le Ministère des finances, comptes généraux du Trésor, rapports aux Chambres, etc.

chacun de nos rentiers posséderait, en moyenne, 403 fr. de rentes, formant un capital de 13 à 14,000 fr. (1). Et il faudrait encore déduire de cette moyenne les rentes possédées par les caisses publiques, caisses d'épargne, légion d'honneur, etc. Ce petit capital de 13 à 14,000 fr. serait encore extrêmement réduit.

Examinons maintenant comment se décompose une autre grosse fortune que l'on croit appartenir à quelques privilégiés, la Banque de France.

VII

LA RÉPARTITION DES ACTIONS DE LA BANQUE DE FRANCE DEPUIS 1870. — NOMBRE DES ACTIONNAIRES.

Le capital de la Banque de France est de 182 millions 1/2 divisé en 182,500 actions de 1,000 fr., valant chacune, aux cours actuels, 3,500 fr. environ.

Ce capital est réparti, depuis 1870, de la manière suivante :

Années.	Nombre d'actionnaires.	Moyenne d'actions par compte.
1870.	16.062	11
1875.	20.797	8
1880.	22.370	8
1885.	25.782	7
1890.	26.017	7
1895.	28.358	6 1/2

En 1870, les onze actions possédées par chaque actionnaire, en moyenne, représentaient un capital de 26,600 fr., l'action valant, comme prix moyen, 2,600 fr.

(1) M. Casimir Périer, dans un discours qu'il prononçait à Romilly, le 15 août 1894, disait que le revenu moyen de chacun de nos rentiers était de 370 fr.

En 1895, les six actions et demie possédées par chaque actionnaire, en moyenne, représentent un capital de 22,750 fr., l'action valant, en moyenne, 3,500 fr.

Ces moyennes sont elles-mêmes très élevées (1), si l'on tient compte que les gouverneurs, régents, censeurs, conseillers d'escompte, directeurs de succursales, sont tenus, en vertu des lois et statuts, de posséder des actions de la Banque.

L'assemblée générale des actionnaires, composée des deux cents plus forts actionnaires, représente environ 30,000 actions, en chiffres ronds. En tenant compte de ces divers éléments, on peut affirmer qu'aujourd'hui les actionnaires de la Banque possèdent chacun au maximum cinq actions de la Banque, ce qui représente un capital de 17,500 fr.

Une autre preuve de la diffusion des actions de la Banque de France est fournie par les transferts opérés par les possesseurs d'actions et par décès.

Ils se sont élevés aux chiffres suivants :

Années.	Nombre de transferts.	Nombre d'actions transférées.	Moyenne par transfert.
1870	9.121	7.882	9
1875	2.057	19.103	9
1880	2.906	19.044	6
1885	2.955	15.033	5
1890	2.821	18.673	7
1895	2.690	16.563	6

Le nombre moyen des actions transférées dans chaque opération est légèrement supérieur à la moyenne des actions possédées par chaque actionnaire, d'où l'on peut conclure que les gros actionnaires sont l'infime minorité; ce sont les petits actionnaires qui détiennent, en majorité, le capital de la Banque. Ce sont les petits portefeuilles qui les détiennent.

(1) Voir les rapports annuels de la Banque de la France.

VIII

LA RÉPARTITION DES ACTIONS ET NOMBRE D'ACTIONNAIRES DU CRÉDIT FONCIER DE FRANCE.

Il en est de même du Crédit foncier de France. En juillet 1888, le capital social de cet établissement fut porté à 170,500,000 fr. divisé en 341,000 actions. Depuis cette époque, le capital est resté le même. Le mouvement des actions de cette institution donne la répartition suivante : (1)

					31 déc. 1888.	31 déc. 1895.
Nombre total d'actionnaires.					22.249	40.339
Nombre d'actionnaires possédant 1 action.					4.012	9.586
—	—	—	2 à	10.	11.083	23.679
—	—	—	11 à	24.	3.995	4.263
—	—	—	25 à	50.	1.955	2.018
—	—	—	51 à	100.	725	534
—	—	—	101 à	149.	218	111
—	—	—	150 à	199.	67	51
—	—	—	200 à	499.	156	86
—	—	—	500 à 1.000.		24	7
—	—	1.000 et au-dessus.			14	4

Fin 1888 et fin 1895, les actionnaires habitant Paris, les départements et l'étranger se répartissaient comme suit :

	31 déc. 1888	31 déc. 1895
Nombre d'actionnaires habitant Paris	6.917	12.073
— d'actions possédées par eux.	159.063	130.694
Nombre d'actionnaires habitant la province.	15.144	27.919
— d'actions possédées par eux.	174.320	201.653
Nombre d'actionnaires habitant l'étranger.	188	347
— d'actions possédées par eux.	7.617	8.653

(1) Voir les rapports du Conseil d'administration du Crédit foncier de France de 1894 et 1895.

Fin 1888, 22,249 actionnaires possédaient en moyenne 15 actions chacun. Les actions valaient 1,360 fr. fin 1888, ce qui, pour 15 actions, représentait un capital de 20,400 fr.

Fin 1895, 40,339 actionnaires possédaient en moyenne 9 actions chacun. Les actions valaient 705 fr. fin 1895, ce qui, pour 9 actions, représentait un capital de 6,345 fr.

La même diffusion des titres existe pour les obligations. Elles sont même plus répandues, plus réparties, car les avantages qu'elles présentent avec leurs lots et tirages, les rendent très attrayantes pour l'épargne tout entière. On peut en juger par le relevé suivant :

	31 déc. 1888	31 déc. 1895
Obligations foncières, valeur nominale	2.646.510.000	2.461.387.700
— — nominatives. .	684.558.000	567.453.600
Nombre de certificats d'oblig. nominat.	132.076	119.210
Oblig. communales, valeur nominale.	1.113.244.700	1.447.455.600
— — nominatives. . .	234.615.400	251.724.700
Nombre de certificats d'oblig. nominat.	73.985	89.743
Nombre total d'obligations foncières et communales	3.759.754.700	3.913.803.300
Nombre total d'obligations nominatives	919.173.400	819.178.300
Nombre total de certificats nominatifs.	206.061	208.953

IX

LES ACTIONS AU PORTEUR ET NOMINATIVES DES SIX GRANDES COMPAGNIES DE CHEMINS DE FER.

Sur les 52 milliards de valeurs françaises d'épargne, nous venons déjà d'en distraire 32 et d'en montrer la répartition infime dans les petites bourses : qu'est-ce donc, en effet, qu'un capital de 6,000 à 15,000 fr. en rentes, de 17,500 fr. en actions de la Banque, de 6 à 7,000 fr. en actions du Crédit foncier ? Restent les chemins de fer : il y a là un capital global de 20 milliards. En quelles mains se trouve-t-il ?

Voici tout d'abord un tableau qui indique comment se décomposent les actions de capital et de jouissance des six grandes Compagnies de chemins de fer, au 31 décembre 1895 :

Noms des Compagnies.	Nombre total d'actions.	Nombre d'actions nominatives.	Nombre d'actions au porteur.
Est	584.000	285.718	298.282
Lyon	800.000	370.879	429.121
Midi	250.000	93.281	156.719
Nord	525.000	291.914	233.086
Orléans . . .	600.000	331.285	268.715
Ouest	300.000	127.923	172.077
Totaux . . .	3.059.000	1.501.000	1.558.000

Il résulte de ce tableau que les actions des Compagnies de chemins de fer, y compris les actions de jouissance, s'élèvent au total à 3,059,000 titres.

Sur ces 3,059,000 titres, 1,501,000 sont au nominatif, et 1,558,000 au porteur.

En rapprochant nos statistiques antérieures de 1884 et de 1889 aux chiffres de l'année 1895, la comparaison des titres nominatifs et au porteur indique que depuis dix ans le nombre des actions nominatives a augmenté de 1 million 378,390 à 1,501,000, pendant que, parallèlement, le nombre de titres au porteur diminuait de 1,681,610 à 1,558,000. Voici le relevé :

	31 déc. 1884	31 déc. 1889	31 déc. 1895
Actions nominatives . . .	1.378.390	1.456.670	1.501.000
Actions au porteur. . . .	1.680.610	1.602.330	1.558.000

X

La proportion des actions nominatives, comparée à l'ensemble des titres, s'établit aux chiffres suivants, aux mêmes dates, pour chacune des Compagnies :

	31 déc. 1884 p. 100	31 déc. 1889 p. 100	31 déc. 1895 p. 100
Est	42.09	46.13	48.90
Lyon	42.52	44.33	46.35
Midi	32.04	37.02	37.31
Nord	55.72	55.90	58.38
Orléans	52.33	54.72	55.21
Ouest	35.25	39.45	42.64

La Compagnie du Nord possède le plus grand nombre d'actions nominatives, 58.38 p. 100 ; viennent ensuite les Compagnies de l'Orléans, 55.21 p. 100 ; Est, 48.90 p. 100 ; Lyon, 46.35 p. 100 ; Ouest, 42.64 p. 100 ; Midi, 37.31.

XI

Ces divers titres nominatifs sont représentés par des certificats : dans le relevé suivant, nous en indiquons le total pour chacune des Compagnies, et la moyenne des actions qu'ils représentent :

		Nombre de certificats.	Moyenne des certificats.
Est	Actions de capital.	19.279	13
—	— de jouissance . . .	5.369	5
Lyon . . .	Actions de capital.	27.514	13 1/2
Midi. . . .	Actions de capital.	7.946	11.32
—	— de jouissance . . .	1.319	2.51

		Nombre de certificats.	Moyenne des certificats.
Nord . . . Actions de capital.		19.415	14.62
— — de jouissance . . .		1.987	4.01
Orléans . . Actions de capital.		20.621	14
— — de jouissance . . .		8.102	5
Ouest . . . Actions de capital.		11.170	10.50
— — de jouissance . . .		3.298	3.24

Si nous relevons seulement le nombre des certificats nominatifs des actions de capital, nous trouvons que le total s'élevait à 105,945 au 31 décembre 1895.

En 1860, le nombre de certificats était seulement de 26,358 ; la moyenne des actions inscrites sur chacun d'eux était de 28.33 ; aujourd'hui, la moyenne des actions inscrites s'abaisse à 12.82.

Années.	Nombre total des certificats nominatifs.	Moyenne des actions par certificat.
1860	26.358	28.33
1870	64.496	20.55
1880	74.744	17.69
1890	93.103	14.87
1895	105.945	12.82

De 1860 à 1895, voici, pour chacune des Compagnies, dans quelle proportion s'est élevé le nombre des certificats et à quel chiffre s'est abaissé le nombre des titres qui se trouvaient inscrits sur chacun d'eux :

		Nombre de certificats d'actions.	Moyenne des titres par certificat.
Est	1860	8.253	22
—	1895	19.279	13
Lyon . . .	1865	14.488	21
—	1895	27.514	13 1/2
Midi . . .	1860	1.656	20.51
—	1895	7.946	11.32
Nord . . .	1860	8.726	25.91
—	1895	19.415	14.62

		Nombre de certificats d'actions.	Moyenne des titres par certificat.
Orléans . .	1860	5.876	26
—	1895	20.621	14
Ouest. . .	1860	1.847	47.24
—	1895	11.170	10.50

Telle est, résumée en quelques chiffres, cette grande féodalité financière.

De 1860 à 1895, le nombre des petits porteurs de titres a doublé. A l'Est, la moyenne des titres inscrits sur chaque certificat s'abaisse de 22 à 13 ; au Lyon, de 21 à 13 1/2 ; au Midi, de 20.51 à 11.32 ; au Nord, de 25.91 à 14.62 , à l'Orléans, de 26 à 14 ; à l'Ouest, de 47.24 à 10.50.

XII

CE QUE VALENT ET CE QUE RAPPORTENT CES ACTIONS.

Et quel est le capital que représentent ces titres inscrits sur les certificats ?

A l'Est	11.350 fr. pour 13 actions à	950 fr. l'une
Au Lyon	19.925 — 13 1/2 —	1.550 —
Au Midi.	14.400 — 11 1/3 —	1.270 —
Au Nord.	26.000 — 14 1/2 —	1.800 —
A l'Orléans . . .	22.400 — 14 —	1.600 —
A l'Ouest	12.650 — 10 1/2 —	1.100 —

Que rapportent, à cette petite épargne, ces actions si démocratisées ?

L'Est	35.50 au lieu de 48 fr. en 1860
Le Lyon	55 » — 63.50 —
Le Midi	50 » — 35 » —
Le Nord	62 » — 65.50 —
L'Orléans. . . .	58.50 — 100 » —
L'Ouest.	38.50 — 37.50 —

Les actions des six grandes Compagnies ont distribué brut,

en 1895, 299 fr. 50 de dividende, alors qu'elles distribuaient
349 fr. 50 en 1860. Le revenu des actionnaires a donc diminué, alors que leurs Compagnies ont pris un développement
considérable et ont puissamment contribué au développement de la richesse publique.

XIII

LES OBLIGATIONS AU PORTEUR ET NOMINATIVES DES COMPAGNIES DE CHEMINS DE FER.

Établissons, maintenant, les mêmes relevés pour les obligations 3 p. 100 de ces mêmes Compagnies.

Le tableau suivant indique le nombre total d'obligations
3 p. 100, nominatives et au porteur, au 31 décembre 1895 :

Noms des Compagnies.	Nombre total d'obligations.	Nombre d'oblig. nominatives.	Nombre d'oblig. au porteur.
Est	3.925.796	2.829.983	1.095.813
Lyon.	10.592.259	7.467.529	3.124.730
Midi	3.108.600	2.069.035	1.039.565
Nord.	3.242.723	2.453.385	·789.338
Orléans	4.723.287	3.594.284	1·.129.003
Ouest	4.513.912	3.073.890	1.440.022
Totaux	30.106.577	21.488.106	8.618.471

Sur un total de 30,106,577 obligations, 21,488,106 sont au
nominatif, soit 71.35 p. 100, et 8,618,471 au porteur, soit
28.65 p. 100

La moyenne générale des titres nominatifs était :

En 1884.   67.10 p. 100
En 1889.   69 p. 100
En 1895.   71.35 p. 100

On voit encore par là que, de même que pour les actions,
le nombre des titres nominatifs s'est accru,

Pour chacune des Compagnies, la proportion des obligations nominatives, comparée à l'ensemble des titres, s'établissait aux chiffres suivants, aux mêmes dates :

	31 déc. 1884 p. 100	31 déc. 1889 p. 100	31 déc. 1895 p. 100
Est	64.50	67.83	72.10
Lyon	67.23	70.21	70.49
Midi	58.42	63.75	66.56
Nord.	70 »	73.84	75.65
Orléans. . . .	70 »	73.75	76.09
Ouest	59.92	64.29	68.09

La Compagnie d'Orléans possède le plus grand nombre d'obligations nominatives ; viennent ensuite les Compagnies du Nord, de l'Est, de Lyon, de l'Ouest et du Midi.

XIV

NOMBRE DE CERTIFICATS NOMINATIFS D'OBLIGATIONS. MOYENNE DES TITRES.

Le nombre de certificats nominatifs d'obligations et la moyenne des titres représentés par chacun d'eux s'établissent comme suit, au 31 décembre 1895 :

	Nombre d'obligations nominatives.	Nombre de certificats nominatifs.	Moyenne des obligations sur chaque cer' 'at.
Est . . .	2.829.983	101.654	28
Lyon . .	7.467.529	240.914	31
Midi . .	2.069.035	60.717	34.07
Nord . .	2.453.385	66.449	37.55
Orléans .	3.594.284	{ 82.335 (1) { 26.332 (2)	31 (3) 38 (4)
Ouest . .	3.073.890	107.689	28.54
Totaux.	21.488.106	686.090	Moyenne. 32.59

(1) Obligations 3 p. 100.
(2)   Id.   2 1/2 p. 100, 1895.
(3)   Id.   3 p. 100.
(4)   Id.   2 1/2 p. 100, 1895.

Voici, depuis 1860, quel a été le nombre des certificats d'obligations, en même temps que la moyenne des titres inscrits sur chacun d'eux :

Années.	Nombre total des certificats nominatifs d'obligations.	Moyenne des obligations par certificat.
18.0.	65.833	42.10
1870. . . . . —	310.238	34.79
1880.	442.696	34.20
1890.	631.707	33.91
1895.	686.090	32.59

Pendant cette même période, de 1860 à 1895, voici pour chacune des Compagnies dans quelles proportions s'est accru le nombre des certificats, et quel chiffre représente le nombre de titres inscrits sur chacun d'eux :

	Années.	Nombre de certificats d'obligations.	Moyenne d'obligat. par certificat.
Est	1860	15.538	23
— . .	1895	101.654	28
Lyon . . .	1865	82.108	32 1/5
— . .	1895	240.914	31
Midi . . .	1860	6.500	32.10
— . .	1895	60.717	34.07
Nord . . .	1860	11.320	29.32
— . .	1895	66.449	37.55
Orléans . .	1860	25.445	32
— . .	1895	82.335 (A)	31 (A)
		26.332 (N)	38 (A)
Ouest . . .	1860	7.030	94.07
— . .	1895	107.689	28.54

En 1860, les cinq Compagnies de l'Est, du Midi, du Nord, d'Orléans, de l'Ouest avaient seulement 65,833 certificats nominatifs d'obligations ; elles en ont aujourd'hui 445,176.

En 1865, le Lyon avait 82,108 certificats d'obligations ; il en a aujourd'hui 240,914.

Au 31 décembre 1895, les 686,090 certificats nominatifs des six grandes Compagnies pour 21,488,106 obligations nominatives inscrites, représentent une moyenne de 32.59 obligations inscrites sur chacun d'eux, soit un capital de 15,000 fr. environ, rapportant 3 p. 100 à peine, soit 450 fr. !

A l'Est, la moyenne des obligations inscrites sur chaque certificat est de 28 ; au Lyon, de 31 ; au Midi, de 34.07 ; au Nord, de 37.55 ; à l'Orléans, de 31 pour les obligations anciennes ; de 38 pour les obligations 2 1/2 p. 100, récemment émises ; à l'Ouest, de 28.54.

XV

RÉSUMÉ DE LA STATISTIQUE DES TITRES DE CHEMINS DE FER.

Ainsi, 105,945 certificats nominatifs d'actions représentent 1,501,000 actions sur 3,059,000 émises ; 686,090 certificats nominatifs d'obligations représentent 21,486,106 obligations nominatives, sur 30,106,577 obligations émises, tel est le premier grand morcellement de cette épargne.

L'ensemble des actions nominatives représente 50 p. 100 du total des titres.

L'ensemble des obligations nominatives représente 71.35 p. 100 du total des obligations.

La moyenne des actions nominatives inscrites sur chaque certificat était, en 1860, de 28.33 ; elle est aujourd'hui de 12.82, représentant un capital de moins de 18,000 fr., rapportant 3 1/4 p. 100 au maximum.

La moyenne des obligations nominatives inscrites sur chaque certificat est de 32.59, ce qui représente un capital de 15,000 fr. environ, rapportant à peine 3 p. 100, soit 450 fr. Et cette moyenne serait bien au-dessous de ce chiffre, si nous tenions compte du nombre d'obligations que possèdent plusieurs grandes Compagnies d'assurances (1).

Voilà, par le menu, cette féodalité financière redoutable ! Sur un ensemble de 34 millions de titres, en chiffres ronds, tant actions qu'obligations, 23 millions de titres, représentés par un total de 792,035 certificats, sont au nominatif ! On peut affirmer que ces 792,035 certificats sont le patrimoine d'au moins 500,000 familles, et comme les titres au porteur sont aussi divisés, on peut dire, sans crainte d'être démenti, que plus de 700,000 familles, c'est-à-dire plus de 2 millions de rentiers, possèdent les actions et obligations de nos grandes Compagnies de chemin de fer. C'est l'épargne moyenne de notre pays qui s'est associée à ces œuvres considérables, dont le Trésor, et le pays tout entier, ont profité bien plus que les actionnaires qui ont eu confiance dans leur avenir (2).

(1) Voici quelques chiffres :

Obligations des grandes compagnies de chemins de fer appartenant à plusieurs compagnies d'assurances sur la vie, au 31 décembre 1894.

Compagnies.	Nombre d'obligations.	Coût.
Assurances générales. . .	597.179	211.523.764 85
Nationale.	504.479	181.746.264 80
	71.732	26.353.007 58
Phénix.	224.970	81.881.015 59
Urbaine	7.327	3.009.068 08
	1.405.687	504.513.120 90

(2) En 1883, M. Rouvier, rapporteur des conventions, déclarait à la Chambre que les actions de chemins de fer étaient le patrimoine de 300,000 familles françaises. De 1883 à 1895, ce nombre a plus que doublé, étant donné l'accroissement du nombre d'obligations émises. Voir nos études précédentes : l'*Épargne Française et la Féodalité Financière*, in-8°, 1884 ; l'*Épargne Française et les Compagnies de Chemins de fer*, in-8° ; *Les émissions et remboursements d'obligations de Chemins de fer*, *Rentier* du 17 mars 1896.

La féodalité financière n'existe que dans l'imagination de ceux qui ont inventé cette expression.

Cette féodalité, tout le monde en fait partie ou peut en faire partie : les petites gens, les petits bourgeois, les petits rentiers. Tout capitaliste possédant 1,550 fr. d'économies peut acheter une action de Lyon ou d'Orléans ; avec 1.800 fr., il est l'associé de la Compagnie du Nord ; avec 950 fr., il acquiert une action de l'Est ; avec 1,100 fr., une de l'Ouest. Ces petits actionnaires, dès qu'ils possèdent 20, 30 ou 40 actions, sont de droit membres des assemblées générales d'actionnaires ; ils peuvent se grouper pour réunir le nombre de titres nécessaires pour faire partie de ces assemblées ; ils ont le droit de voter ou de refuser les comptes, de nommer les administrateurs. Tels sont les maîtres de ces puissantes Compagnies : des petites gens d'épargne qui possèdent, en moyenne, pour 15 à 18,000 fr. d'obligations et d'actions !

XVI

LE MOUVEMENT DES CAISSES D'ÉPARGNE.

Nous avons parlé jusqu'à présent des rentiers, des actionnaires et des obligataires, de ceux que l'on désigne habituellement sous le nom de capitalistes et de rentiers : mais le mouvement des Caisses d'épargne n'est pas moins intéressant à étudier, pour se rendre compte de l'esprit de prévoyance des classes laborieuses. On peut voir aussi que, s'il existe des millions de rentiers, porteurs de rentes, d'actions et d'obligations de chemins de fer, la clientèle des Caisses d'épargne, composée de petites gens, de petites bourses, est des plus nombreuses.

Voici, depuis 60 ans, la progression du nombre et des

opérations des Caisses d'épargne privées, par période décennale :

Années 31 décembre.	Nombre de caisses.	Nombre de succursales.	Milliers de livrets.	Sommes dues aux déposants. Millions de fr.	Quotité moyenne des livrets. Francs.
1835 . .	159	55	121.5	62.2	512
1845 . .	356	160	684.2	393.5	575
1850 . .	365	200	566.1	134.9	238
1860 . .	444	205	1.218.1	377.4	310
1869 . .	525	648	2.130.8	711.2	334
1880 . .	536	869	3.841.1	1.280.2	333
1890 . .	544	1.132	6.328.9	3.286.5	505
1895 . .	544	1.140	6.444.2	3.394.7	526

A Paris, la Caisse d'épargne a commencé ses opérations en 1818. Au 31 décembre de cette année, elle possédait 351 livrets. Au 31 décembre 1894, elle en avait 645,595. Elle devait aux déposants 153,805,090 fr. (1).

Au 31 décembre 1894, les Caisses d'épargne postales avaient 2,293,930 livrets : il était dû aux déposants 674 millions 318,599 fr. A cette même date, en réunissant la Caisse nationale d'épargne et les caisses privées, on arrive à 8,608,275 pour le nombre de livrets et à 3,918,813,012 fr. pour le solde total dû aux déposants (2), ce qui représente une moyenne par livret de 455 fr.

XVII

LES DÉPÔTS COMPARÉS DANS LES BANQUES ET DANS LES CAISSES D'ÉPARGNE.

On voit à quels chiffres énormes se montent les dépôts ainsi accumulés de la toute petite épargne, qui n'est pas

(1) Extrait des rapports et comptes rendus des opérations de la Caisse d'épargne de Paris.

(2) *Bulletin de statistique et de législation comparée*, février 1895, p. 174.

assez riche pour se faire ouvrir un compte de chèques dans les grands établissements financiers.

Si l'on compare le montant des dépôts effectués dans les banques, sociétés de crédit, à ceux des Caisses d'épargne, on a encore la preuve de cette diffusion considérable des petits capitaux.

Voici le montant des fonds en dépôts à la Banque, au Crédit foncier, au Comptoir national d'escompte, au Crédit lyonnais, à la Société générale, au Crédit industriel et commercial, au 31 décembre 1894 et au 31 décembre 1895 :

	31 décembre 1894. Millions.	31 décembre 1895. Millions.
Banque de France :		
Comptes courants à Paris.	493.4	540.8
— en province. . . .	64.7	64.7
Crédit foncier	84.2	69.2
Crédit lyonnais :		
Dépôts à vue.	356.9	321.3
Comptoir national d'escompte :		
Dépôts à vue	192.3	181.9
Société générale :		
Dépôts à vue	161.3	150.1
Crédit industriel :		
Dépôts à vue	37.7	37.5
Totaux.	1.392.5	1.365.5

Ces chiffres prouvent que les capitaux déposés à la Banque de France et dans les cinq grands établissements de crédit et qui forment, en quelque sorte, « le fonds de réserve et de roulement de la grande industrie, du grand commerce français et des particuliers qui ont des comptes dans les banques » (1), représentent le tiers de ceux qui sont déposés dans les Caisses d'épargne.

Le nombre de comptes de dépôts est d'environ 300,000 dans

(1) Ed. Aynard : *Discours à la Chambre des députés, le 23 mai 1892, sur la réforme des Caisses d'épargne.*

ces établissements, alors qu'il dépasse 8 millions dans les Caisses d'épargne.

Comme nombre de déposants, comme importance de capitaux déposés, quelle est donc la classe de capitalistes la plus nombreuse, celle à qui appartient le plus gros chiffre de capitaux? La petite épargne, les classes laborieuses. Voilà encore ce que démontrent les chiffres.

•

XVIII

LES VALEURS SUCCESSORALES DE 1826 à 1894.

Quels que soient les éléments de la fortune mobilière que l'on étudie, on arrive ainsi à constater l'énorme diffusion de cette fortune. Beaucoup de législateurs et de réformateurs financiers et politiques n'ont aucune idée de cet accroissement et de ce morcellement. Ils se figurent, à tort, que, seuls, les riches possèdent des titres mobiliers. Pour vérifier encore nos évaluations, nous avons eu recours à une nouvelle preuve.

- Nous avons relevé le montant des valeurs mobilières et immobilières sur lesquelles, au moment des successions, des décès, des héritages, le fisc a prélevé ses droits.

VALEURS SUCCESSORALES SUR LESQUELLES LES DROITS ONT ÉTÉ ASSIS.

Années.	Valeurs mobilières. Millions.	Valeurs immobilières. Millions.	Total. Millions.	Comparaison entre les meubles et les immeubles. 0/0
1826	457	880	1,337	52
1830	508	943	1,451	54
1840	609	1,000	1,609	61
1849	736	1,154	1,890	64
1868	1,602	1,853	3,455	86
1875	2,037	2,217	4,254	92

Années.	Valeurs mobilières. Millions.	Valeurs immobilières. Millions.	Total. Millions.	Comparaison entre les meubles et les immeubles. 0/0
1880.	2.477	2.787	5.264	91
1882.	2.368	2.658	5.026	90
1889.	2.513	2.545	5.058	98.7
1890.	2.889	2.922	5.821	99
1892.	3.275	3.129	6.404	101
1894.	2.863	2.886	5.752	99.2

Ces valeurs successorales, lorsqu'elles sont augmentées des donations, sont l'image réduite, la réduction proportionnelle de la masse totale des fortunes privées.

En 1826, les valeurs successorales sur lesquelles les droits ont été perçus étaient de 457 millions pour les meubles et de 880 millions pour les immeubles. Les valeurs mobilières ne représentaient, par conséquent, que 52 p. 100 de la valeur des propriétés immobilières.

Aujourd'hui, la proportion dépasse 99 p. 100, c'est-à-dire que la fortune mobilière est égale à la fortune immobilière. En 1826, les immeubles représentaient dans les successions une valeur plus grande que les biens meubles : aujourd'hui, il n'y a plus de différence (1).

Que prouve encore cette longue statistique? C'est qu'aujourd'hui on possède un « lopin » de titres et valeurs, rentes,

(1) Les biens meubles comprennent tout à la fois les meubles, les fonds d'États français et étrangers, les valeurs mobilières, c'est-à-dire les titres, actions et obligations.

Depuis 1889, voici comment se décomposaient ces valeurs successorales :

Années.	Meubles.	Fonds d'État fran. et étrang.	Valeurs mobilières.	Total.	Immeubles.	Total général.
1889.	1.370.192.132	404.654.056	738.686.830	2.513.530.018	2.545.280.145	5.058.810.163
1890.	1.528.123.763	467.153.788	893.718.863	2.889.006.414	2.922.184.720	5.811.191.134
1891.	1.413.920.339	418.721.070	1.086.783.836	2.919.425.245	2.872.367.319	5.791.792.564
1892.	1.563.691.598	443.828.414	1.207.741.883	3.275.261.895	3.129.622.000	6.404.883.085
1893.	1.472.551.888	424.520.835	999.243.804	2.896.316.527	2.844.964.069	5.741.280.596
1894.	1.479.807.715	416.503.183	967.133.146	2.863.444.044	2.886.507.651	5.749.951.695

actions et obligations, comme le paysan possède son « lopin
de terre » et que, dans notre pays, il n'existe pas plus de
féodalité financière qu'il ne s'y trouve de féodalité agricole,
industrielle, commerciale.

XIX

LE CAPITAL ET LE SALAIRE. — LA BAISSE DU TAUX DE L'INTÉRÊT.

Quelle a été l'influence du capital et de l'accroissement des
valeurs mobilières sur le salaire? On excite sans cesse
l'ouvrier contre ce que l'on appelle « la classe capitaliste ».
On lui dénonce les grandes sociétés anonymes, les actionnaires, comme ses pires ennemis. Qu'est-ce donc qu'un
actionnaire d'une Compagnie de chemins de fer, d'une
Société houillère, d'une entreprise métallurgique, d'une Compagnie de transports maritimes, etc.? C'est un petit épar-
gneur qui, disposant de quelques centaines ou de quelques
milliers de francs, a acheté ou souscrit une ou plusieurs
actions de ces Sociétés diverses. Il a échangé son capital
contre un morceau de papier qui s'appelle action ou obliga-
tion. Qu'est-ce, à son tour, que cette action ou cette obliga-
tion? C'est du capital qui fournit au travail les matières premières, les outils, les instruments, les installations, donne de
l'activité à des villes, à des communes, à un pays tout entier,
incite ou réveille le commerce, l'industrie, rémunère ceux
qu'il emploie avant d'être rémunéré lui-même.

Le capital est donc l'ami de l'ouvrier et non son ennemi, car
c'est lui qui a été et sera toujours un des plus grands éléments
d'accroissement du salaire. « Comme l'a dit Rossi, les travailleurs et les capitalistes sont les possesseurs de deux
forces productives; ils la mettent en commun pour produire
un résultat commun; voilà la vérité. Les uns ne fabriquent

pas de salaires ; mais, travailleurs et capitalistes réunis font des choses, produisent des richesses par la mise en commun des deux instruments producteurs qui leur appartiennent (1) ». Sans doute, l'habileté, la productivité de l'ouvrier influent beaucoup sur le taux des salaires ; mais que pourraient faire, que deviendraient cette habileté, cette productivité, si, faute de capitaux, une Compagnie fermait ses ateliers, ralentissait le travail, ou ne pouvait donner à son industrie tout l'essor qu'elle comporte ?

Les Sociétés anonymes, avec leurs objets si divers, leurs perspectives étendues, leur variété de titres d'actions, d'obligations, de parts ; les fonds d'État, les rentes, avec leurs coupures permettant aux plus petites économies d'effectuer un placement, en un mot, tous ces 80 milliards de fonds et de titres mobiliers qui appartiennent à nos capitalistes, ont contribué puissamment à donner du travail et du salaire à ceux qui n'en avaient pas, à améliorer la situation et le bien-être de ceux qui travaillaient, et tous ces capitaux considérables mis en mouvement reçoivent une rémunération de plus en plus réduite.

De 1825 à 1850, le taux de capitalisation de la rente 3 p. 100, d'après les cours moyens cotés sur ce fonds d'État, a varié de 3.59 p. 100, au plus bas, en 1845, à 5.81 p. 100, au plus haut, en 1849, soit un taux moyen de 4.70 p. 100.

De 1851 à 1870, le taux de capitalisation a varié de 3.90, au plus bas, en 1853, à 4. 76 p. 100 au plus haut, en 1870, soit un taux moyen de 4.33 p. 100.

De 1871 à 1890, le taux de capitalisation a varié de 3.27, au plus-bas, en 1890, à 5.51, p. 100, en 1871, soit un taux moyen de 4.39 p. 100

Aujourd'hui le 3 p. 100 rapporte 2.94 p. 100

---

(1) Rossi : *Cours d'économie politique,* 22e leçon, t. 1II, édit. Guillaumin, 1865, p. 360.

Depuis 1869 seulement, la diminution du taux de l'intérêt, sur les revenus de toute sécurité, est d'au moins 2 p. 100 (1).

Le 3 p. 100 rapportait, en 1869, 4 1/4 environ. Il rapporte aujourd'hui 2.94 p. 100, soit en moins 1.31 p. 100.

Le 2 1/2 belge rapportait, en 1869, 4.10 : il donne aujourd'hui 2.50 à 2.60 p. 100, soit en moins 1 1/2 à 1.60 p. 100.

Le 2 1/2 hollandais rapportait, en 1869, 4 1/2 : il donne aujourd'hui 2.60, soit en moins 1.90 p. 100.

Le 3 p. 100 consolidé anglais rapportait 3.25 en 1869 : aujourd'hui c'est du 2 3/4 qui, à 114, rapporte 2.40 p. 100, soit en moins 0.85 p. 100.

Les obligations des grandes Compagnies de chemins de fer rapportaient net près de 4 1/2 en 1869 : elles donnent aujourd'hui moins de 2.90 p. 100, soit en moins 1.60 p. 100.

Les obligations des grandes Compagnies industrielles, Gaz, Messageries, Eaux, rapportaient plus de 5 p. 100 : elles donnent à peine 3 1/2 p. 100

Les fonds étrangers, autrichiens, hongrois, russes, égyptiens, rapportaient 6, 7, 8 p. 100 : ils donnent moins de 4 p. 100.

De 5 p. 100, taux normal des placements de premier choix avant 1870, et de 6 p. 100, taux de ces mêmes placements de 1871 à 1875, l'intérêt est tombé à moins de 3 p. 100 sur la rente et sur les obligations de chemins de fer. L'intérêt servi aux fonds déposés dans les caisses d'épargne a été réduit et on le diminuera encore : c'est une nécessité qui s'imposera avant peu. La Caisse nationale des Retraites pour la vieillesse a abaissé de 4 à 3 1/2 p. 100 le taux payé pour la constitution des rentes viagères, mais la hausse

---

(1) Voir, à ce sujet, un travail de M. B. Rey. Paris, Guillaumin, 1891.

Voir, *La baisse du taux de l'intérêt et les institutions de prévoyance,* par M. E. Cheysson.

Voir le *Journal officiel* du 18 avril 1895. Congrès des Sociétés savantes : discussion sur la diminution du taux de l'intérêt. Observations de MM. A. Neymarck, Pascaud, F. Passy, etc.

de la rente au-dessus de 100 fr. rendra ce maintien très difficile, sinon impossible ; soit par l'effet de nouvelles conversions, soit par l'effet d'une nouvelle hausse des fonds publics, elle ne pourra pas éviter une nouvelle réduction des tarifs (1). Depuis le 1er janvier 1894, la Caisse des dépôts et consignations a réduit de 3 p. 100 à 2 p. 100 le montant des capitaux « *consignés* » dans ses caisses, alors que, depuis 1816, elle avait maintenu le taux de 3 p. 100! Depuis le 1er janvier 1893, elle a réduit de 2 à 1 p. 100 l'intérêt alloué aux dépôts des notaires ; elle ira plus bas encore.

Les capitalistes et les rentiers qui ont aujourd'hui des fonds à placer ont donc raison de se plaindre de l'exiguïté du revenu qu'ils reçoivent.

On ne peut vivre avec des rentes aussi réduites! » Tel est le cri général. Le rentier n'est pas un fainéant qui n'a eu qu'à se laisser vivre, comme le croient et le disent bon nombre de socialistes : il lui a fallu se « donner du mal », travailler toute sa vie pour se constituer quelques ressources pour sa vieillesse ; sa rente, à lui, c'est le salaire de sa longue existence de labeur. Et quand il entend l'ouvrier, dont les salaires ont augmenté de 50 à 75 p. 100, se plaindre sans cesse, il ne méconnaît ni ses souffrances, ni ses désirs ; mais que doit-il dire lui, ce rentier, ce capitaliste si envié et décrié, dont le revenu a baissé de 50 p. 100 pendant la même période ? Sa situation n'est-elle pas, elle aussi, intéressante ? Pour avoir cinq francs par jour à dépenser, c'est-à-dire moins que le salaire moyen de grand nombre d'ouvriers, il lui a fallu travailler, se priver souvent, acquitter des impôts et des charges de toute nature,

---

(1) Voir notre étude : *La hausse des fonds d'États : ses causes ; les dangers de son exagération,* in-8°. Guillaumin et Cie, édit. 1894.

Voir le *Rapport adressé au Président de la République par la Commission supérieure de la Caisse nationale des retraites pour la vieillesse, pour l'année 1893.* (*Journal officiel* du 3 août 1894.) — Lire également les intéressants articles publiés, sur ce sujet, par le *Messager de Paris,* nos des 13, 15, 16 et 19 août 1894.

et mettre de côté un capital de 60,000 fr., alors qu'il y a 25 ou 30 ans, 30,000 fr. lui auraient suffi pour obtenir la même rente ! Il est, en effet, aussi difficile de placer sûrement à 3 p. 100 ses capitaux, qu'il était facile naguère de choisir, parmi des placements de premier choix rapportant au minimum 5 p. 100.

Et combien différente est la situation du capitaliste et du rentier de celle du travailleur, du salarié! La baisse du taux de l'intérêt de l'argent, comme nous l'avons montré, a diminué et diminue chaque jour les revenus du capital ; sa part diminue dans la répartition au profit de celle du travail. « La part du travail, a écrit M. Paul Delombre, va en augmentant; l'intérêt du capital s'abaisse, les salaires s'élèvent. L'accumulation de la richesse, due à l'effort des générations successives, aboutit à une rémunération de plus en plus large des masses laborieuses (1) ». La hausse des salaires s'est au contraire accrue sans cesse.

XX

LA HAUSSE DES SALAIRES DEPUIS SOIXANTE ANS.

M. Levasseur, dans son ouvrage sur la *Population* (2), a dit que, d'après les chiffres qu'il avait recueillis, le doublement du salaire, en France, depuis une soixantaine d'années, était une moyenne qu'il croyait à peu près exacte. Il serait facile, sans doute, ajoutait-il, d'opposer des cas particuliers qui soient en désaccord avec elle et de citer, dans les campagnes des ouvriers qu'on ne paye encore, à certaines époques, qu'un franc par jour. Mais, à côté de ces exemples, on peut placer ceux d'ouvriers à qui leur journée vaut 15 fr. et plus.

(1) Paul Delombre, *Temps*, 16 juin 1892.
(2) T. III, p. 97.

D'après un mémoire de la *Société centrale des architectes français*, publié à l'occasion de l'Exposition universelle de 1889, et adressé au *Comité des Travaux historiques et scientifiques du ministère de l'instruction publique*, « le cours des salaires s'est élevé d'une manière continue, mais inégale ; les périodes prospères, la construction, ont, pendant la monarchie de juillet, le second Empire et sous le régime actuel de 1875 à 1883, amené des accroissements rapides dans le prix des journées ».

M. Paul Beauregard (1), professeur à la Faculté de droit de Paris, s'est livré à une autre démonstration. Il a calculé les prix de consommation et il a trouvé que si, dans l'ensemble, le prix des objets nécessaires à la vie de l'ouvrier avait augmenté de 34 p. 100 environ depuis 1826, le salaire moyen des hommes (Paris excepté), avait augmenté depuis le commencement du siècle de 116 p. 100. Il estime donc le progrès du salaire réel à plus de 60 p. 100

Ces résultats, dit-il, ne sont qu'approximatifs, et nous avons pu commettre des erreurs, mais il faudrait les supposer bien fortes pour que le fond de nos conclusions en fût ébranlé. M. Beauregard termine son mémoire en affirmant sur preuves que le salaire suit, en général, les progrès du capital et de l'art industriel.

M. E. Chevallier, maître de conférences à l'Institut agronomique, député de l'Oise, arrive à une conclusion du même genre dans son ouvrage sur *Les salaires au XIXᵉ siècle*, que l'Institut a couronné. Ce sont aussi les mêmes résultats qu'a établis M. Edmond Villey, corespondant de l'Institut, voir son livre : *La Question des Salaires ou la Question Sociale*.

C'est encore la même contestation que M. de Foville a faite. Dans soixante-deux corps de métiers de la petite industrie,

(1) *Essai sur les théories de salaires, la main-d'œuvre et son prix*, p. 113.
(2) *Les salaires au XIXᵉ siècle*.
(3) *La France économique*, 1890, p. 197 à 200.

le salaire moyen de l'ouvrier non nourri a haussé de 68 p. 100 en 32 ans, de 1853 à 1885, dans les départements, et de 54 p. 100 à Paris.

Pour les salaires des femmes, la progression n'est pas moindre : elle atteint 68 p. 100 en moyenne pour les neuf corps de métier compris dans les tableaux de la statistique générale.

XXI

LES GAGES DES DOMESTIQUES.

Quant aux gàges des domestiques hommes et femmes attachés au service de la personne ou au service de la maison, de 1853 à 1871, d'après une étude publiée en 1875 par le *Journal de la Société de statistique*, d'après des documents officiels (1), les gages habituels des domestiques hommes se seraient accrus, en 18 ans, de 41 à 47 p. 100, soit d'environ 45 p. 100, ce qui équivaut à l'augmentation proportionnelle des ouvriers non nourris.

Les gages des femmes auraient augmenté dans la même proportion, sauf une légère différence en moins pour celles qui sont attachées au service de la personne.

Les gages des domestiques hommes et des domestiques femmes étaient, à ces deux dates 1853 et 1871 comparées, les suivants :

Hommes :

	Domestiques attachés au service de la personne.			Domestiques attachés au service de la maison.		
	GAGES			GAGES		
	ordin.	maxim.	minim.	ordin.	maxim.	minim.
1853	222	309	179	254	341	203
1871	327	435	251	358	481	279
Augment. absolue .	105	126	72	104	140	76
Augment. p. 100 .	47	41	40	41	41	37

(1) Année 1875, p. 42.

Femmes :

	Domestiques attachés au service de la personne.			Cuisinières.			Domestiques faisant les deux services à la fois.		
	GAGES			GAGES			GAGES		
	ordin.	max.	min.	ord.	max.	min.	ord.	max.	min.
1853	163	219	128	190	260	154	181	244	145
1871	225	301	173	278	356	219	265	336	209
Augment. absolue.	62	82	45	88	96	65	84	92	64
Augment. p. 100 .	38	38	35	46	37	42	46	38	44

Depuis 1871, ces gages se sont encore notablement accrus. En 1871, le maximum des gages pour les domestiques hommes attachés au service de la maison était de 489 fr., soit 40 fr. par mois; celui des domestiques femmes, de 336 fr., soit 28 fr. par mois; celui des cuisinières était de 356 fr., soit 30 fr. par mois environ.

XXII

LA PART DES SALAIRES DES TRAVAILLEURS DANS LE REVENU TOTAL DE LA FRANCE.

M. A. Coste, ancien président de la Société de statistique de Paris, a examiné la question des salaires à un point de vue nouveau. Justement ému, écrivait-il, « des revendications ouvrières, soulevées avec tant d'insistance dans ces derniers temps, aussi bien par les agitateurs souverains que par les agitateurs populaires, et accueillies avec une certaine complaisance par cette partie du public que ne trouble pas la crainte des répercussions économiques, qui se croit désintéressée dans la question, et qui assiste au drame social avec une sorte de curiosité sympathique (1) », il a voulu rechercher

(1) *Étude statistique sur les salaires des travailleurs en France et le revenu de la France*, par A. Coste, in-4°. Guillaumin et Cie, éditeurs, et Berger-Levrault; *Journal de la Société de statistique*, n° du 8 août 1890, p. 225 à 240.

quelle était la part des salaires des travailleurs dans le revenu total de la France.

En s'appuyant sur des documents officiels, en se livrant à un contrôle rigoureux de tous les chiffres qu'il a cités dans le cours de son travail, il a dressé, suivant ses propres expressions, « une sorte de schéma qui permet de fixer les idées et de donner une base positive aux raisonnements économiques ».

Sur 22 milliards et demi, qui formeraient, d'après lui, comme d'après M. de Foville, M. Levasseur et la plupart des statisticiens qui se sont occupés de cette question, le revenu national, les travailleurs, ouvriers de l'agriculture, de l'industrie, du commerce et des transports, employés et gagistes, domestiques attachés à la personne, recevraient en salaires, traitements et gages, 8 milliards.

Les petits cultivateurs, artisans, détaillants, transporteurs, soldats, marins, gendarmes, petits fonctionnaires, desservants ecclésiastiques, religieux et religieuses, instituteurs et institutrices, etc., dont les ressources ne dépassent pas le salaire maximum des précédents, recevraient 4 milliards.

Il resterait donc pour les capitalistes proprement dits 10 milliards 1/2 se subdivisant comme suit :

	Milliards.
1,683,192 exploitants agricoles	3 1/2 à 4 1/2
1,009,711 industriels, commerçants, transporteurs	3 1/2 à 4 1/2
1,053,025 propriétaires, rentiers, membres de professions libérales	2 1/4 à 3

Ces capitalistes seraient, d'après M. Coste, au nombre de 3,746,131. Les travailleurs seraient au nombre de 10,351,792, et les petits cultivateurs, rentiers, etc., etc., 3,700,000.

Le total des revenus du capital, conclut M. Coste, est fort peu élevé, « si l'on tient compte des aléas qu'il supporte ». La moyenne des revenus, en France, impose une grande prudence dans les promesses que l'on peut être tenté de faire aux travailleurs pour l'amélioration immédiate de leur situation (1)... et, dit-il encore, « en effrayant les capitaux, en déblatérant contre le machinisme, en réclamant sous toutes les formes possibles la protection outrée de l'industrie nationale, et d'une manière générale, en visant à restreindre la production, les socialistes d'en haut et les socialistes d'en bas tournent le dos au progrès économique et nuisent à la cause qu'ils prétendent servir (2) ».

XXIII

LES SALAIRES DES OUVRIERS DU BATIMENT A PARIS.

Pour compléter cette étude, nous donnons, sur les salaires depuis 1853, quelques statistiques des ouvriers du bâtiment à Paris, de ceux de la grande industrie, de l'industrie du bâtiment, et de la petite industrie, dans la Seine et dans les départements, et enfin les salaires des ouvriers des mines.

Salaires des ouvriers du bâtiment à Paris (3).

	1853	1860	1870	1880	1890
Terrassiers	3 »	3 50	4 »	5 50	5 50
Maçons	4 25	5 »	5 50	7 50	7 50
Tailleurs de pierres . .	5 »	5 25	5 50	7 50	7 50
Charpentiers	5 »	5 »	6 »	8 »	8 »
Menuisiers	3 50	4 »	5 »	7 »	7 »
Serruriers	4 »	3 80	4 »	6 50	7 25
Peintres	4 »	4 50	5 50	7 50	7 50

(1) Page 238, *Journal de la Société de statistique*, 1890.

(2) Page 240, *Journal de la Société de statistique*, 1890.

(3) *Statistique de 1853 : Journal de la Société de statistique*, 1875, p. 38-39. Extraits de documents officiels. — Statistique générale de la France. *Statistique de 1860 à 1890*, voir de Foville, *La France économique*, p. 198 et suivantes.

Années.	Maçons.	Charpentiers.	Menuisiers.	Serruriers.	à Paris.
1805 . .	3 25	3 »	3 50	» »	—
1853 . .	4 25	5 »	4 »	4 »	—
1866 . .	5 25	6 »	4 50	5 »	—
1875 . .	5 50	6 »	5 »	5 »	—
1880 . .	7 50	7 85	7 »	6 50	—
1885 . .	8 »	8 50	7 50	6 50	—

XXIV

LES SALAIRES DE LA GRANDE INDUSTRIE A PARIS
ET DANS LES DÉPARTEMENTS.

Salaires de la grande industrie, de l'industrie du bâtiment
et petite industrie.

	Seine.		Départements.	
	1881	1885	1881	1885
Contremaîtres	6 95	7 51	5 40	5 45
Surveillants.	5 53	5 53	4 14	4 29
Ouvriers de plus de 21 ans . .	5 27	5 45	3 54	3 58
Maçons.	» »	» »	3 52	3 68
Charpentiers	» »	» »	3 68	4 »
Menuisiers	» »	» »	3 44	3 60
Serruriers.	» »	» »	3 45	3 55
Cordiers	» »	4 »	» »	2 85
Chaudronniers.	» »	6 »	» »	3 57

XXV

LES SALAIRES DES OUVRIERS DES MINES.

Salaires des ouvriers des mines.

	Nombre de jours de travail.	Salaire annuel.	Salaire moyen par jour.
1847	287	591 » —	2 06
1857	282	700 »	2 48

	Nombre de jours de travail.	Salaire annuel.	Salaire moyen par jour.
1867	286	827 »	2 88
1877	»	975 »	» »
1887	287	1.067 »	3 72
1892	288	1.221 »	4 24
1894	280	1.278 »	4 57 (1)

XXVI

RÉSUMÉ GÉNÉRAL DU TAUX DES SALAIRES.

L'*Office du travail*, dans son Bulletin n° 8 d'août 1894 (2), a rapproché les diverses enquêtes qui ont été faites, à diverses dates, sur les salaires, de celle qu'il a entreprise en 1891.

En 1839-1845, les industries soumises à l'enquête occupaient 11 p. 100 de femmes et 15 p. 100 d'enfants.

En 1860-1865, les industries soumises à l'enquête, dans la banlieue, occupaient 13 p. 100 de femmes et 11 p. 100 d'enfants.

Dans l'industrie parisienne, les proportions indiquées étaient de 26 p. 100 pour les femmes et de 2 p. 100 pour les enfants.

En 1891, l'*Office du travail* a relevé dans l'effectif des établissements industriels privés 20 p. 100 de femmes et 6 p. 100 d'enfants.

Le salaire moyen ou ordinaire par journée de travail de l'ensemble des hommes était estimé égal à 3 fr. 50 en 1839 1845 ; il ressortait à 4 fr. dans la banlieue et à 4 fr. 50 dans l'industrie parisienne en 1860, et enfin, en 1891, il ressortait, pour les établissements visités, à 6 fr. 15, soit à Paris 6 fr. 40 et 5 fr. 75 dans la banlieue.

Le salaire des femmes a passé de 1 fr. 55 (1840) à 1 fr. 70

(1) *Statistique de l'industrie minérale de 1894.* Imp. nationale, 1895.
(2) Pages 401 à 405, *Bulletin* n° 8, avril 1894.

4

(1860, banlieue), à 2 fr. 10 (1860, industrie parisienne) et 3 fr. en 1891 (3 fr. 15, Paris ; 3 fr., banlieue) (1).

(1) Nous donnons, dans le tableau ci-dessous, l'indication des salaires comparés de 1840 à 1891, dans quelques industries.

INDUSTRIES.	SALAIRES MOYENS ou ORDINAIRES.							
	DES OUVRIERS				DES OUVRIÈRES			
	en 1839-45.	en 1860-65		en 1891.	en 1839-45.	en 1860-65		en 1891.
		Banlieue.	Paris.			Banlieue.	Paris.	
	fr. c.	fr. c.	fr. c.	fr. c	fr. c.	fr. c.	fr. c.	fr. c.
Moulins à blé	3 00	3 00	»	5 85	»	»	»	»
Féculerie	2 90	3 75	»	4 80	»	»	»	»
Raffinerie de sucre	3 00	2 50	3 50	5 50	2 00	1 25	2 00	3 25
Brasserie	3 00	4 15	4 00	5 25	»	»	»	»
Pâtisserie, confiserie	3 50	»	4 00	4 90	1 25	»	1 50	2 70
Produits chimiques et engrais	3 00	3 50	3 00	4 70	»	»	»	»
Huilerie	2 75	3 10	»	5 60	»	»	»	»
Colle	2 50	2 70	3 00	4 20	»	»	»	»
Stéarinerie, savonnerie, parfumerie	3 00	3 20	3 10	5 05	1 45	1 75	2 00	2 40
Allumettes	2 25	2 50	4 00	5 25	1 30	1 25	2 00	3 50
Papeterie, cartonnage	3 30	3 40	4 00	6 00	1 25	1 25	2 00	3 10
Imprimerie	4 15	4 50	5 00	7 10	»	»	»	»
Mégisserie, tannerie, corroirie	4 50	4 00	4 40	5 45	2 00	1 50	»	3 15
Fils de coton	3 50	4 50	4 00	5 35	1 35	2 00	2 00	2 85
Scierie mécanique de bois	4 00	»	4 00	6 00	»	»	»	»
Instruments de chirurgie	3 00	»	5 00	7 75	»	»	»	»
Instruments et boîtes à musique	3 50	»	5 00	5 80	»	»	»	»
Briqueteries, tuileries	4 00	3 50	5 00	5 15	1 25	1 35	1 75	2 25
Faïencerie, poterie	3 50	»	3 00	5 50	0 75	»	2 50	3 55
Verrerie	3 50	3 90	5 00	4 80	1 25	1 60	2 50	2 20

Voici maintenant les salaires comparés de quelques établissements figurant sur la statistique de 1845 *et existant encore actuellement*.

INDUSTRIES.	SALAIRE MOYEN			
	DES OUVRIERS		DES OUVRIÈRES	
	en 1839-45.	en 1891.	en 1839-45.	en 1891.
Fabrique de tuyaux	3 fr. 25 (2)	4 fr. 50		
Raffinerie de sucre	3 à 4 fr.	5 fr. 60		
Idem	3 fr.	5 fr. 50		
Faïencerie	2 à 5 fr.	3 fr. 25 à 10 fr.	0 fr. 75	3 fr. 55
Maroquinerie	3 à 10 fr.	3 fr. 25 à 9 fr. 25	3 à 4 fr.	2 à 3 fr. 50
Construction mécanique	2 fr. 25 à 10 fr.	4 fr. 50 à 12 fr.		

(2) La durée du travail journalier dans cette maison était de dix heures

D'après l'ensemble de ces résultats, il serait à présumer que, depuis cinquante ans, *les salaires nominaux des hommes auraient au minimum doublé. D'après les chiffres d'ensemble, l'augmentation serait d'environ 75 p. 100. Le salaire des femmes aurait généralement doublé.* Cette évaluation est conforme à celles qu'ont établies avec une si grande précision MM. E. Levasseur, de Foville, E. Cheysson, Beauregard, E. Chevallier, Villey, Moron, directeur de l'Office du travail, etc.

XXVII

LES DIVIDENDES DES ACTIONNAIRES DES COMPAGNIES MINIÈRES ET LES SALAIRES DES OUVRIERS.

Mais nous avons encore d'autres preuves pour démontrer que plus le capital se répand, plus s'améliorent et le salaire et la situation de la classe ouvrière.

Quand on parle des grandes Compagnies minières, de leur richesse, de la fortune de leurs actionnaires, ce sont des Sociétés comme celles d'Anzin, de Courrières, de Douchy, de Liévin, etc., que l'on vise. On montre, d'un côté, le dividende que l'actionnaire reçoit, ce « *fainéant* » qui n'a que la peine de recevoir le fruit du travail de l'ouvrier ; de l'autre, on critique le maigre salaire du mineur, et il ne faut pas s'étonner si les capitalistes, « ces *ploutocrates* », sont malmenés !

Où est la vérité ? Elle a été cent fois décrite dans des docu-

par jour, en 1840 aussi bien qu'en 1892. — L'établissement se trouvait hors des limites de l'octroi en 1840. Depuis 1860, il se trouve dans l'enceinte parisienne.

Enfin, nous joindrons à ces tableaux le suivant, qui est extrait d'une brochure publiée en 1883 par M. Gauthier, vice-président de la Chambre syndicale de la plomberie. Actuellement les salaires pratiqués dans

ments les plus dignes de foi ; elle a été mise en pleine lumière dans le rapport que M. E. Cheysson a consacré aux institutions patronales qui faisaient partie, à l'Exposition de 1889, de la section XVI du groupe, si remarqué, de l'économie sociale. Il contient des faits et des chiffres précis qui sont la meilleure réponse à faire à toutes ces déclamations.

Pendant l'année 1888, les mines d'Anzin ont payé 12 millions 851,868 fr. 51 de salaires ; elles ont consacré aux institutions, fondées en faveur de leurs ouvriers, 1,567,757 fr. 30. Ce seul chiffre de 1,567,757 fr. 30 représente 12.20 p. 100 des salaires de l'année ; 47.33 p. 100 du dividende distribué aux actionnaires ; 140 fr. par tête d'ouvrier. Les actionnaires ont reçu 115 fr. par titre, soit, pour 28,800 centièmes de denier, 3,312,200 fr.

Les mines de Liévin ont payé, en salaires, 2,322,210 fr. et consacré 341,720 fr. 91 aux institutions ouvrières : les actionnaires ont reçu 487,140 fr.

Les mines de Courrières ont payé, en salaires, 4,076,918 fr. ; en subventions et secours, allocations, etc., en faveur de

l'industrie du bâtiment sont plutôt conformes à la série de 1880 qu'à celle de 1882.

PRIX DE JOURNÉES D'APRÈS LES DIVERSES SÉRIES (SÉRIES MOREL ET SÉRIES DE LA VILLE DE PARIS) DE 1842 A 1880 :

PROFESSIONS	1842	1852	1862	1872	1880
	fr. c.	fr. c.	fr. c.	fr. c.	fr. c.
Terrassier.	2 75	2 75	4 00	4 00	5 50
Maçon	4 15	4 25	5 25	5 50	7 50
Garçon maçon.	2 45	2 60	3 35	3 50	5 00
Tailleur de pierre.	4 15	4 25	5 50	5 50	7 50
Ravaleur.	4 75	5 00	7 00	7 50	10 00
Charpentier.	4 00	5 00	6 00	6 00	8 00
Couvreur.	5 00	5 75	6 00	6 25	7 50
Garçon couvreur	3 50	3 75	4 00	4 25	5 00
Plombier.	3 50	4 00	5 50	6 00	7 00
Menuisier.	3 25	3 50	3 65	5 00	7 00
Serrurier.	3 25	3 50	3 75	5 00	6 50
Peintre.	3 50	3 65	3 75	6 00	7 50

leurs ouvriers, 368,594 fr. 35. Combien les actionnaires ont-ils reçu ? 2,600,000 fr.

Les mines de Douchy payent 1,595,954 fr. de salaires et consacrent 211,352 fr. 94 en libéralités pour le personnel employé. Quelle est la part distribuée aux actionnaires ? 449,280 fr.

A Bessèges, pendant que les actionnaires reçoivent 600,000 fr. de dividende, la Compagnie consacre 345,735 fr. 40 aux institutions ouvrières ; au Creuzot, le montant des subventions et libéralités s'est élevé, en 1888, à 1,632,000 fr., soit 10 p. 100 des salaires. Aux mines de Blanzy, les sacrifices faits par la Compagnie en faveur des ouvriers qu'elle emploie s'élevaient, en 1887-1888, à 1,118,794 fr. 89, c'est-à-dire à 50 p. 100 du dividende distribué aux actionnaires.

Mêmes constatations pour les Compagnies de chemins de fer, pour les Sociétés industrielles telles que la Cristallerie de Baccarat, l'imprimerie et la librairie Mame et Cie, à Tours.

Ces chiffres s'appliquent à l'année 1888 ; mais nous pouvons citer ceux des années suivantes ; ils ne sont pas moins concluants. En 1892, par exemple, les charges des institutions de prévoyance des mines du Nord, fondées par les Compagnies en faveur des ouvriers, ont été des plus lourdes. On en jugera par le tableau suivant que nous avons limité aux Compagnies d'Anzin, de Douchy, de Vicoigne-Nœux, de Fresnes, de Crespin :

Compagnies.	Charges des Compagnies en 1892.	Nombre d'ouvriers auxquels les charges ci-contre s'appliquent (jour et fond).	Subvention par ouvrier et par an.
Anzin	1.666.211 07	10.530	110 75
Douchy	169.675 11	1.747	97.68
Vicoigne	93.945 05	456	266 »
Fresne-Midi	36.773 74	508	76 74
Crespin	37.600 »	294	124 50

D'après des documents que nous avons entre les mains, la Société des mines de Lens a payé en 1895 :

> 11,452,422 fr. 96 de salaires.
>
> 1,240,794 fr. 95 de subventions pour le personnel.

Total. 12,693,217 fr. 91

Les actionnaires ont reçu, comme dividende, 2,700,000 fr. C'est-à-dire que la proportion des salaires payés est de 81 ; celle des dividendes de 19.

A Anzin, le montant des salaires payés en 1895 s'est élevé à 15,365,000 fr.; les sommes consacrées aux institutions en faveur du personnel se sont élevées à 1,827,269 fr. 89, soit au total 17,192,269 fr. 89. Combien les actionnaires ont-ils reçu? 4,896,000 fr.

La proportion des dividendes par rapport aux salaires est de 32 p. 100, c'est-à-dire que l'ouvrier reçoit 68 p. 100 de plus que le rentier.

En 1860, la proportion des dividendes par rapport aux salaires était de 75 p. 100 !

La Société houillère de Liévin a payé en 1895 :

> En salaires . . . . 4,227,036 fr.
>
> En salaires complémentaires, secours,
>
> allocations, etc. . . . . 592,013 fr.

Total. . . . . . . 4,821,019 fr.

Les dividendes distribués aux actionnaires ont été de 1,020,600 fr. La part du capital a donc été de 21,1 p. 100 ; la part du travail de 78,79 p. 100.

A la Compagnie des mines de Courrières, l'ensemble des salaires, secours, participations aux caisses de retraites, etc., a été, en 1895, de 13,179,664 fr., alors que les actionnaires ont reçu seulement en dividendes 6,050,000 francs, c'est-à-dire que lorsque les salaires reçoivent 71,2 p. 100, la part du capital est de 28,8 p. 100.

Ces chiffres ne prouvent-ils pas une fois encore que les salaires payés à l'ouvrier, venant s'ajouter aux libéralités que les Compagnies acquittent pour les institutions qu'elles ont créées en faveur de leur personnel, dépassent de beaucoup les sommes distribuées aux actionnaires sous forme d'intérêts ou de dividendes, et nous ne parlons pas des impôts que ces Compagnies ont, par surcroît, à acquitter.

Que, pour une Compagnie, l'année ait été bonne ou mauvaise, la concurrence plus ou moins active, le prix de vente des produits plus ou moins élevé, l'ouvrier n'a rien eu à craindre pour son salaire; les institutions fondées dans son intérêt ont continué à fonctionner; l'État, de son côté, a perçu l'intégralité des impôts qui atteignent ces Sociétés. Quel est donc celui qui court les plus grands risques? N'est-ce pas ce capitaliste, cet actionnaire abhorré? Et cependant, les capitaux qui ont créé et développé une industrie, n'ont-ils pas servi, tout d'abord, à occuper et rémunérer toute une classe de la société qui, sans eux, serait restée inactive et malheureuse?

C'est ainsi que se confirment les paroles que Bastiat écrivait à Proudhon, dans une controverse restée célèbre (1). « Le capital, » disait-il, « est l'ami, le bienfaiteur de tous les hommes et particulièrement des classes souffrantes. Ce qu'elles doivent désirer, c'est qu'il s'accumule, se multiplie, se répande sans compte ni mesure. S'il y a un triste spectacle au monde — spectacle qu'on ne pourrait définir que par ces mots : suicide matériel, moral et collectif, — c'est de voir ces classes, dans leur égarement, faire au capital une guerre acharnée. Il ne serait ni plus absurde ni plus triste, si nous voyions tous les capitalistes du monde se concerter pour paralyser les bras et tuer le travail. »

On dit à l'ouvrier que le capital l'exploite; car, sans lui, ce

(1) 26 novembre 1849. — *Intérêt et principal :* articles extraits de la *Voix du Peuple.*

capital n'aurait aucune valeur, et les entreprises, quelles qu'elles soient, ne pourraient ni fonctionner, ni produire. « Il faut », disait le 29 juin 1895 M. Jaurès, « *la nationalisation des services jusqu'ici confiés à des oligarchies financières, banques, mines, chemins de fer* » (1). Et, d'après lui, ce ne *seraient pas encore là des réformes décisives.* M. J. Guesde va plus loin. Il demande la « *suppression de la dette publique* » (2). Fermez les mines, laissez s'éteindre les hauts-fourneaux, organisez la grève générale; plus de chemins de fer, plus de houillères; travaillez le moins de temps possible et faites‑vous payer le plus cher que vous pourrez; laissez le patron faire lui-même ce travail qu'il impose à ceux qu'il emploie. L' « affreux » capital, l' « infâme » capital, le capital « vampire », « exploite » l'ouvrier; il « s'engraisse » des « sueurs du peuple ».

Tels sont les conseils que l'on prodigue à la classe ouvrière, conseils qui la trompent et l'égarent; telles sont les aménités que l'on entend à la tribune de la Chambre, dans certaines réunions publiques et que répètent grand nombre de journaux.

Les ouvriers seraient-ils plus heureux, si l'État faisait banqueroute, manquait à ses engagements, si les rentiers et les capitalistes qu'on leur dénonce comme leurs pires ennemis étaient ruinés ?

Leurs salaires seraient-ils plus assurés, si toutes ces Sociétés que l'on attaque avec tant de virulence étaient obligées de liquider ? Où nous conduisent les fausses théories qui, chaque jour, sont répandues dans la foule ?

Il est nécessaire que les ouvriers s'en rendent compte : « Les salaires », suivant l'expression de M. Léon Say, « sont plus assurés quand l'industrie est prospère » (3). Pour peu

(1) *Journal officiel*, séance du 29 juin 1895, p. 1914, colonne 3.
(2) Même séance : interruption faite à M. Deschanel. _
(3) Léon Say. Discours à Lyon, 23 mars 1893.

que cette agitation continue, le capital n'osera bientôt plus
s'engager dans les affaires industrielles, car il redoutera de
ne pouvoir satisfaire aux exigences du travail, et, lui aussi,
fera grève. Que ce soit une Société particulière, une entreprise fondée par actions, que ce soit un patron ou un actionnaire, il faut tout d'abord, avant de songer à la rémunération
du capital, subvenir aux charges et impôts de l'État ; aux
salaires du personnel ; aux dépenses des Sociétés ouvrières.
Il faut lutter contre la concurrence étrangère, supporter les
fluctuations qui se produisent dans les prix d'achat et de
vente des marchandises achetées et des produits vendus. Les
plus sages combinaisons, tout le fruit de l'expérience et de
l'intelligence, — qui sont, elles aussi, un capital et non le
moins important, — peuvent être anéanties par les troubles
que tels ou tels événements intérieurs ou extérieurs apportent
dans le fonctionnement de l'industrie qui a été fondée ou
commanditée ; puis, après avoir fait face à toutes les charges
et subi tous les risques, ce capitaliste, cet actionnaire, ce
patron tant envié, reçoit une part des bénéfices — s'il en
reste — ou supporte toutes les pertes. La liste serait longue
des industriels et des commerçants qui ne travaillent que
pour payer leurs ouvriers (1).

Il est donc faux de dire que le salariat soit une exploitation
du travail par le capital ; la vérité, c'est qu'il est une sorte
d'association du travail et du capital. Dans une société civi-
lisée, le travail et le capital, suivant l'expression de M. E. Levasseur (2), sont deux alliés nécessaires l'un à l'autre qui
doivent vivre en bonne intelligence au lieu de s'entre-
déchirer.

« Plus une industrie est prospère, a dit encore M. F. Passy,

---

(1) Voir le discours de M. Aynard, à la Chambre des députés, le
17 novembre 1892. (Recueil de ses discours, librairie E. Plon, Nourrit
et Cie, in-8°, 1893, p. 200.)

(2) *Principes d'économie politique*. Paris, 1888, libr. Hachette, p. 76.

plus les affaires d'une maison sont fructueuses, et plus le personnel qu'elle emploie a de chances de voir s'améliorer sa situation et peut envisager l'avenir avec confiance. Plus, au contraire, la situation est difficile, plus les frais généraux s'augmentent, plus il y a de malfaçon, de gaspillage des matières premières ou de négligence dans l'emploi du matériel, et plus se trouve réduit le chiffre qui peut être offert aux salaires..... N'en déplaise aux agitateurs qui dénoncent tous les jours les industriels et les capitalistes comme des vampires altérés du sang de leurs semblables ; n'en déplaise non plus aux détracteurs de la masse laborieuse qui ne parlent que de mâter ces prétentions par la force : ils sont nombreux de part et d'autre ceux qui font leur devoir parce que c'est le devoir, et ceux qui comprennent que faire son devoir, c'est encore la meilleure manière d'entendre ses intérêts (1). »

Ces paroles sont la sagesse, la vérité même.

XXVIII

RÉSUMÉ GÉNÉRAL ET CONCLUSION.

A toutes les attaques passionnées dont le capital, les capitalistes, les actionnaires sont l'objet, nous avons cru utile, dans cette longue statistique, d'opposer quelques chiffres précis que nous croyons devoir résumer.

1° Les rentes françaises sont représentées par 5,096,811 inscriptions. La moyenne de chacune d'elles forme 159 fr. de rentes, soit un capital de moins de 5,500 fr. Sur l'ensemble des inscriptions de rentes 3 1/2 p. 100 et 3 p. 100, on compte plus de 80 p. 100 de titres de 2 à 3 fr. et ne dépassant pas 50 fr. de rentes ! Le nombre des porteurs de rentes est d'en-

(1) *Robinson et Vendredi ou la Naissance du capital*, par M. F. Passy. Conférence faite à la Société industrielle d'Amiens. (Extrait de la *Revue économique de Bordeaux*, mars 1893.)

viron 2 millions, ce qui représenterait, pour chacun d'eux, 403 fr. de rentes en moyenne, soit un capital de 13 à 14,000 fr. En tenant compte des rentes appartenant aux Caisses d'épargne, Caisses publiques, départementales, communales, Légion d'honneur, rentes de cautionnements, etc., cette moyenne serait encore de beaucoup trop élevée.

2° Les actions de la Banque de France appartiennent à 28,358 actionnaires possédant moins de 5 actions, soit un capital de 17,500 fr.

3° Les actions du Crédit foncier appartiennent à 40,339 actionnaires : la moyenne des titres possédés par chacun d'eux est de 9, représentant un capital de 6,345 fr.

4° Sur les 3,913 millions d'obligations foncières et communales du Crédit foncier, 819 millions sont au nominatif, divisés en 208,953 certificats.

5° Les actions et obligations des six grandes Compagnies de chemins de fer, qui représentent, au total, un capital de 20 milliards, appartiennent à plus de 700,000 familles, soit plus de 2 millions de personnes, ce qui représente, pour chacune d'elles, un capital d'une dizaine ou quinzaine de mille francs tout au plus. Cette évaluation est confirmée par le nombre de certificats nominatifs d'actions et d'obligations de ces Compagnies, par leur extrême division dans les portefeuilles.

6° Sur 3,059,000 actions de chemins de fer, 1,501,000 sont au nominatif, divisées en 108,945 certificats, soit une moyenne, par certificat, de 12.82 actions, ou un capital variant de 11 à 26,000 fr.

7° Sur 30,106,577 obligations, 21,488,106 sont au nominatif. Le nombre des certificats est de 686,090 ; la moyenne des obligations inscrites sur chacun d'eux est de 32.59, soit un capital de 15,000 fr.

8° Il existe plus de 8,600,000 livrets dans les Caisses d'épargne pour un capital de 3,900 millions, soit une moyenne par livret de 455 fr., alors que les fonds déposés à la Banque et dans les grands établissements financiers, en comptes de chèques, et que l'on peut considérer comme le fond de roulement des banquiers, commerçants, industriels, capitalistes et rentiers plus riches que les déposants dans les Caisses d'épargne, s'élèvent à environ 1 milliard et demi pour 250 à 300,000 comptes.

9° Depuis trois quarts de siècle, le niveau de la fortune mobilière et immobilière s'est équilibré. En 1826, les biens meubles successoraux représentaient 52 p. 100 des biens immobiliers. En 1892, l'ensemble des biens meubles dépasse de 1 p. 100 la fortune immobilière. En 1894, la proportion est égale.

10° Depuis 50 à 60 ans, le taux de l'intérêt a baissé de 5 et 6 p. 100 à moins de 3 p. 100, soit une diminution de 50 p. 100. Il faut aujourd'hui un capital double pour avoir le même revenu qu'autrefois.

11° Dans la même période, les salaires des travailleurs de la grande et de la petite industrie, ceux des ouvriers mineurs, les gages des domestiques, ont augmenté de 50, 60, 75 p. 100.

12° Dans les grandes Compagnies minières, comme celles d'Anzin, Lens, Liévin, Courrières, etc., les sommes payées en salaires aux mineurs sont quatre fois plus élevées que le montant des dividendes payés aux actionnaires. Sur 100 fr. de produits nets, la part du travail s'élève à 75 et 80 ; la part du capital descend à 25 et 20. Tel est, par le menu, le morcellement de la fortune mobilière ; telle est la part qui est prélevée sur le revenu de cette fortune pour rémunérer le travail.

Les 80 milliards de valeurs mobilières, dirons-nous en terminant, fonds d'État français et étrangers, forment un bloc imposant qui excite bien des convoitises. Que sont-ils, en réalité ? De la poussière de titres et de revenus entre les mains de millions de petites gens d'épargne, tous contribuables, tous électeurs aussi, qu'une certaine démocratie, jalouse, inquiète, considère à tort comme des ennemis publics, car cette démocratie oublie que le « capital n'est rien moins que la substance de l'amélioration populaire..... Sans doute, il rapporte au capitaliste, mais il ne rapporte que par le travail qu'il suscite et qui le reproduit lui-même (1) ».

Il n'y a pas de féodalité financière, mais une démocratie financière (2). Notre pays possède de grandes banques et institutions financières qui disposent de nombreux capitaux, des Sociétés industrielles et commerciales puissantes, dont l'activité rayonne sur le monde entier, et il est heureux qu'il en soit ainsi ; mais on peut affirmer qu'il n'existe pas d'aristocratie de porteurs de titres, mais un peuple qui travaille, économise, et dont le travail et les économies contribuent à élever le taux des salaires, à augmenter l'activité commerciale et industrielle et la richesse du pays.

Porter atteinte à ces fortunes, riches ou modestes, petites ou grosses, ce serait porter atteinte au travail. Il ne faut pas se lasser de répéter que « toute fortune honnêtement acquise est respectable ; toute fortune honnêtement employée est utile (3) ». Essayer de ruiner le capitaliste, le rentier, ce serait sûrement ruiner l'ouvrier, le salarié (4).

Au fur et à mesure que les créations de valeurs mobilières se sont développées dans notre pays et que les titres de

(1) *Les Questions politiques et sociales,* par M. Michel Chevalier (Extrait de la *Revue des Deux-Mondes* du 15 juillet 1850.)

(2) Voir aux annexes, dans le *Rentier* du 7 février 1896, notre étude sur *l'impôt sur le revenu : ce que disent les chiffres.* Nous montrons quelle est la diffusion de la richesse publique, par la statistique et la répartition des cotes foncières, des maisons et loyers à Paris, etc.

(3) F. Passy, Société d'Économie politique, 5 octobre 1895. *Journal des Économistes,* octobre 1895, p. 110.

(4) Dans un banquet qui était offert, au Havre, le 4 novembre 1893, à MM. Jules Siegfried et Félix Faure : Ce serait, disait M. Félix Faure, la « désorganisation de toutes nos forces industrielles, ce serait la mort de toutes les entreprises, et, par suite, la diminution de notre production et

rentes, d'actions et d'obligations sont devenus le mode de placement favori des capitaux, plus ces valeurs diverses se sont démocratisées et sont entrées dans les plus petits portefeuilles, plus haut ont monté les salaires.

Sous l'influence des faits économiques, la baisse du taux de l'intérêt de l'argent a réduit le revenu des rentiers de 6 et 5 p. 100 à 3 1/2, 3 et 2 1/2 p. 100, soit près de 50 p. 100 : le taux des salaires, au contraire, a haussé de 50, 60, 75 p. 100.

A des affirmations sans preuves, voilà ce que répondent les chiffres.

Telles sont, en résumé, les constatations qui ressortent de cette statistique.

Alfred NEYMARCK,
ancien président de la Société de
statistique de Paris, membre
du Conseil supérieur de statis-
tique.

l'abaissement des salaires. Ce serait, personne ne peut le contester, provoquer l'émigration des capitaux et porter une atteinte grave à notre puissance financière, et par conséquent compromettre les résultats acquis et risquer de voir la France perdre la situation qu'elle a su conquérir dans le monde. »

LE MORCELLEMENT

DES VALEURS MOBILIÈRES

PIÈCES ANNEXES

PIÈCES

Répartition des actions de capital, de
au 31 décembre des années

Actions de

Années		Est
1860	Total des actions :	
	Au porteur	497.817
	Nominatives	183.212
	Nombre de certificats	8.253
	Moyenne d'actions par certificat	22
1870	Total des actions :	
	Au porteur	573.812
	Nominatives	227.660
	Nombre de certificats	11.517
	Moyenne d'actions par certificat	20
1880	Total des actions :	
	Au porteur	561.316
	Nominatives	228.309
	Nombre de certificats	12.954
	Moyenne d'actions par certificat	18
1890	Total des actions :	
	Au porteur	542.814
	Nominatives	254.911
	Nombre de certificats	16.784
	Moyenne d'actions par certificat	15
1895	Total des actions :	
	Au porteur	530.461
	Nominatives	259.877
	Nombre de certificats	19.279
	Moyenne d'actions par certificat	13

Récapitulation générale des

	1860
Nombre total d'actions	2.548.616
Au porteur	1.592.465
Nominatives	956.151
Nombre total des certificats	20.358
Moyenne d'actions par certificat	28.33

ANNEXES

jouissance et obligations de chemins de fer
1860, 1870, 1880, 1890, 1895.

capital.

Midi	Nord	Lyon	Orléans	Ouest
238.334	525.000	692.933	294.532	300.000
33.965	226.141	275.689	149.885	87.259
1.656	8.726	»	5.876	1.847
20.51	25.91	· »	26	47.24
250.000	593.418	800.000	583.049	297.028
50.285	357.783	367.190	313.060	89.455
3.083	14.086	17.236	14.881	3.693
16.31	20.43	21 1/3	21	24.22
247.475	519.795	800.000	562.885	289.306
75.763	297.522	350.463	293.204	97.685
4.420	15.087	19.753	16.660	5.870
17.14	19.72	17 2/3	17	16.64
243.361	514.431	800.000	535.933	278.412
93.403	293.752	367.641	300.320	112.777
6.762	16.619	23.745	19.299	9.894
13.81	17.67	15 1/2	16	11.40
240.417	510.850	800.000	519.066	271.388
79.965	283.937	370.879	286.199	117.247
7.946	19.415	27.514	20.621	11.170
11.32	14.62	13 1/2	14	10.50

actions de capital non amorties

1870	1880	1890	1895
3.027.307	2.980.777	2.914.951	2.872.182
1.691.874	1.637.831	1.492.147	1.474.078
1.335.433	1.342.946	1.422.804	1.408.104
64.496	74.744	93.103	105.945
20.55	17.69	14.87	12.82

5

ACTIONS DE

Années		Est
1860	Total des actions.	2.183
	Au porteur	1.613
	Nominatives.	570
	Nombre de certificats.	57
	Moyenne d'actions par certificat	10
1870	Total des actions.	10.188
	Au porteur	6.453
	Nominatives.	3.735
	Nombre de certificats.	545
	Moyenne d'actions par certificat	7
1880	Total des actions.	22.684
	Au porteur	13.302
	Nominatives.	9.382
	Nombre de certificats.	1.625
	Moyenne d'actions par certificat	6
1890	Total des actions.	41.186
	Au porteur	21.317
	Nominatives.	19.869
	Nombre de certificats.	3.838
	Moyenne d'actions par certificat	5
1895	Total des actions.	53.339
	Au porteur	27.798
	Nominatives.	25.841
	Nombre de certificats.	5.369
	Moyenne d'actions par certificat	5

RÉCAPITULATION GÉNÉRALE

	1860
Nombre total d'actions.	7.651
Au porteur.	3.650
Nominatives	4.001
Nombre total des certificats.	509
Moyenne d'actions par certificat.	9

JOUISSANCE.

Midi	Nord	Orléans	Ouest
»	»	5.468	»
»	»	2.037	»
»	»	3 431	»
»	»	452	»
»	»	8	»
»	1.582	16.951	2.972
»	859	6.716	2.146
»	723	10.235	826
»	133	1.496	107
»	5.43	7	7.72
2.525	5.205	37.115	10.694
2.009	2.306	15.630	7.457
516	2.899	21.485	3.237
246	624	3.391	688
2.09	4.64	7	4.70
6.639	10.569	64.067	21.588
4.207	4.467	26.496	13.739
2.432	6.102	37.571	7.849
865	1.299	6.199	2.394
2.81	4.69	6	3.28
9.583	14.150	80.934	28.612
6.267	6.173	35.848	17.936
3.316	7.977	45.086	10.676
1.319	1.987	8.102	3.298
2.51	4.01	5	8.24

DES ACTIONS DE JOUISSANCE.

1870	1880	1890	1895
31.693	78.223	144.049	186.818
16.174	40.704	70.226	93 922
15.519	37.519	73.823	92.896
2.281	6.574	14.595	20.075
6.78	4.88	4.35	4.95

OBLIGATIONS DE CHEMINS DE FER

Années		Est
1860	Total des obligations	798.902
	Au porteur	437.316
	Nominatives	361.586
	Nombre de certificats	15.538
	Moyenne d'obligations par certificat	23
1870	Total des obligations	1.633.442
	Au porteur	646.280
	Nominatives	987.162
	Nombre de certificats	40.286
	Moyenne d'obligations par certificat	25
1880	Total des obligations	2.368.306
	Au porteur	907.363
	Nominatives	1.460.943
	Nombre de certificats	55.999
	Moyenne d'obligations par cerificat	27
1890	Total des obligations	3.677.407
	Au porteur	1.112.169
	Nominatives	2.565.238
	Nombre de certificats	90.246
	Moyenne d'obligations par certificat	28.5
1895	Total des obligations	3.925.796
	Au porteur	1.095.813
	Nominatives	2.829.983
	Nombre de certificats	101.654
	Moyenne d'obligations par certificat	28

RÉCAPITULATION GÉNÉRALE

	1860
Nombre total d'obligations	6.947.041
Au porteur	3.354.195
Nominatives	3.592.546
Nombre total des certificats	65.833
Moyenne d'obligations par certificat	42.10

AU PORTEUR ET NOMINATIVES.

Midi	Nord	Lyon	Orléans	Ouest
537.762	677.606	2.124.276	1.536.590	1.271.905
329.069	345.668	933.291	698.413	610.438
208.693	331.938	1.190.985	838.177	661.467
6.500	11.320	»	25.445	7.030
32.10	29.32	»	32	94.09
1.748.589	1.304.451	6.557.727	2.854.684	2.738.255
895.534	513.803	2.434.256	871.345	1.210.096
853 055	790.648	4.123.471	1.883.339	1.528.159
28.109	24.156	128.495	63.585	25.607
30.34	32.73	32	29	59.68
2.529 086	2.351.314	8.963.523	3.308.655	3.433.298
1.142.415	798.930	3.108.302	1.050.392	1.469.570
1.386.671	1.552.384	5.855.221	2.258.263	1.963.728
40.930	42.384	182.629	77.831	42.923
33.87	36.62	32	30	45.75
3.186.685	3.012.639	10.860.575	4.423.179	4.280.986
1.098.109	773.017	3.188.811	1 102.320	1.499.236
2.008.576	2.239 622	7.661.764	3.320.859	2.790.750
56.681	58.430	229.620	84.339 (A) / 15.582 (N)	96.809
35.43	38.33	33.1/3	31 (A) / 42 (N)	28.83
3.108.600	3.242 723	10.592.259	4.723.287	4.513.912
1.039.565	789.338	3.124.730	1.129.003	1.440.022
2.069.035	2.453.385	7.467.529	3.594.284	3 073 890
60.717	66.449	240.914	82.335 (A) / 36.332 (N)	107.689
34.07	37.55	31	31 (A) / 38 (N)	23.54

DES OBLIGATIONS.

1870	1880	1890	1895
16.837.148	22.954.182	29.361.471	30.106.577
6.671.314	8.476.972	8.774.662	8.618.471
10.165.834	14.477.210	20.586.809	21.488.106
310.238	442.696	631.707	686.090
34.79	34.20	33.91	32.59

Orléans, imp. P. Pigelet

Orléans, imp P. Pigelet.

www.ingramcontent.com/pod-product-compliance
Lightning Source LLC
Chambersburg PA
CBHW071252200326
41521CB00009B/1739